U0690603

国家示范性高等职业院校建设项目
工程测量技术专业核心课程项目教学教材

矿山测量实训指导与习题

Training Guide and Exercises for Mine Survey

李长青　崔有祯　主编

测绘出版社
·北京·

内容简介

　　《矿山测量实训指导与习题》是高等职业院校工程测量技术专业的实训教材,可作为《矿山测量》的配套教材使用。全书分为井下平面控制测量、建立井下高程控制系统、矿井联系测量、巷道施工及回采工作面测量、贯通测量、绘制矿图、生产矿井测量技术设计和矿井建设测量八个学习情境的内容,以及测量实训的基本要求、注意事项和相关规定等。

　　《矿山测量实训指导与习题》可作为工程测量技术专业的实训教材,也可作为采矿工程、土木工程、交通运输、工程管理等非测绘专业地下工程测量类课程的实训教学参考书。

图书在版编目(CIP)数据

　　矿山测量实训指导与习题 / 李长青,崔有祯主编
. －－北京 ：测绘出版社,2022.8
　　国家示范性高等职业院校建设项目　工程测量技术专业核心课程项目教学教材
　　ISBN 978-7-5030-4443-4

　　Ⅰ．①矿… Ⅱ．①李… ②崔… Ⅲ．①矿山测量－高等职业教育－教学参考资料 Ⅳ．①TD17

　　中国版本图书馆 CIP 数据核字(2022)第 148420 号

矿山测量实训指导与习题
Kuangshan Celiang Shixun Zhidao yu Xiti

责任编辑	雷秀丽	**执行编辑**	安 扬	**封面设计**	李 伟	**责任印制**	陈姝颖

出版发行	测绘出版社	电　话	010－68580735(发行部)
地　址	北京市西城区三里河路 50 号		010－68531363(编辑部)
邮政编码	100045	网　址	www.chinasmp.com
电子信箱	smp@sinomaps.com	经　销	新华书店
成品规格	184mm×260mm	印　刷	北京建筑工业印刷厂
印　张	6	字　数	146 千字
版　次	2022 年 8 月第 1 版	印　次	2022 年 8 月第 1 次印刷
印　数	0001－1200	定　价	25.00 元

书　号	ISBN 978-7-5030-4443-4

本书如有印装质量问题,请与我社发行部联系调换。

前　言

　　"矿山测量"是工程测量技术专业的核心专业课之一,《矿山测量实训指导与习题》是为加强实践性教学环节、培养学生专业技能而进行的教学设计的有效载体,本书可配合李长青、崔有祯合作主编的《矿山测量》使用。本书是在总结多年来职业教育教学改革成果的基础上,紧密结合《矿山测量》教材和专业技能培养的需要编写而成的。本书内容分为两大部分。第一部分为矿山测量的教学实训指导,对该课程的各项实训提出明确的目的与要求,给出作业方案,指导实训、数据处理及报告编写等,在培养学生基本专业技能的同时,提升学生解决矿山工程中实际问题的综合专业能力。第二部分为思考题与习题,本教材中的思考题、分析计算题和误差分析及方案论证习题,具有较好的代表性,注重培养学生在实际工程中分析测量问题的能力。

　　本书由北京工业职业技术学院的李长青、崔有祯任主编,由北京工业职业技术学院的桂维振、郑阔、邱亚辉、郎博和北京农业职业学院刘爱军任副主编,北京工业职业技术学院刘俞含、姜晶,北京富地勘察测绘有限公司周焕波,北京经纬蓝图勘察测绘有限公司刘魁参与了本教材的编写工作。李长青、崔有祯共同完成统稿工作。

　　在本书的编写过程中,北京工业职业技术学院的武胜林教授、高绍伟教授和赵小平教授给予了大量的指导和帮助,提出了许多建设性的意见和建议,在此深表感谢。

　　在本书的编写过程中,参考并借鉴了大量的文献资料和相关教材,多处引用了同类书刊中的部分内容,在此谨向有关书刊、教材的原作者表示衷心的感谢。

　　本书适用于高等职业技术教育工程测量技术专业教学使用,也可以作为其他形式的职业技术教育的教学参考书。

　　由于编者的专业水平和教育教学改革理论水平有限,书中难免存在疏漏或错误,敬请读者批评指正。

目　录

学生测量实训守则

1. 学生进入实训基地必须遵守实训基地的规章制度，遵守课堂纪律，衣着整洁，保持安静，不得迟到早退，严禁喧哗、吸烟、吃零食和随地吐痰。如有违反，指导教师有权停止其参加实训。

2. 实训课前，参加实训的学生要认真预习实训内容和要求，了解实训目的、实训原理、实训方法和实训步骤，以及有关的注意事项。

3. 实训课上必须认真听讲，服从指导教师的安排。

4. 在使用大型精密仪器设备前，必须接受技术培训，经考核合格后方可使用。使用时严格遵守操作规程，并详细填写大型精密仪器设备使用记录。

5. 以小组为单位进行实训，实训小组内分工明确，协调配合，做到有条不紊。

6. 实训中要认真操作，如实记录各种实训数据，仔细观察、记录各种实训现象，积极思考分析。

7. 严格遵守操作规程，爱护仪器设备及工具，明确注意事项，避免出现人身及仪器设备损伤事故。

8. 实训中遇到异常情况或仪器设备出现故障、损坏，应立即报告指导教师。凡损坏的仪器设备均应检查原因，填写事故、故障报告单，并视具体情况，按学校有关规定进行处理。

9. 要养成良好的实训习惯。实训结束后，学生应切断电源，整理好实训仪器设备及桌椅。

10. 实训中获取的数据须由指导教师检查、签字。

测绘资料的记录和计算规则

1. 测量外业手簿的记录、计算均使用绘图铅笔(2H、3H)书写。书写应端正、清晰，字体大小一般只占格子的三分之二，字脚靠近底线，字头上方留出空隙以备出现错误时更正。

2. 测量外业数据必须直接填写在规定的表格或手簿内，不得用草稿纸记录后再抄写到表格中。

3. 记录表或手簿上规定填写的项目要如实填写齐全。

4. 禁止擦拭、涂改或挖补已记录的数字。发现错误时，应在错误处用横线划去。修正局部错误时，将局部错误数字划去，将正确数字写在错误数字上方。

5. 某一测站或某一测回的记录超限时，要用直尺画一条斜线将其删去。禁止在手簿上乱涂乱写。所有观测记录要修改或淘汰时，必须在备注栏内规范地注明原因。

6. 严禁连环更改数字。例如，已改了平均数，则计算平均数的所有原始读数都不能更改。假如两个读数均有错误，则应重测重记。

7. 原始观测数据的尾数不准更改，如角度的分、秒值，水准尺读数的厘米、毫米值，距离的厘米、毫米值等。

8. 记录的数字应齐全、规范，如角度中的 $3°04'06''$ 或 $3°20'00''$，水准测量中的 0234 或 2300 等，数字"0"不得省略。

9. 记录者在填写记录表格的同时，应将所填写的数字复诵，以防听错记错。

10. 各项数据的记录、计算按统一规定取位。角度值取至"秒"，距离取至"毫米"，数据的凑整应按 4 舍 6 入，5 采取单进双不进，即常说的"偶舍奇进"。

11. 测量成果的整理与计算应在专用的表格或专门的计算纸上进行。

测量仪器操作规程

一、仪器使用注意事项

1. 长途运输仪器时，应根据运输方式增加仪器设备的减震、防撞外包装，避免仪器运输过程中的损伤。

2. 仪器开箱时，应先将仪器箱在地面或操作台上水平放置，再打开仪器箱。

3. 从仪器箱中取出仪器前，应先看清并记住仪器在箱中放置的位置和姿态，以便用后妥善放回。取出仪器时，应先放松制动螺旋，以免强行扭动损坏制动螺旋和轴系。取出仪器时，还应一手握住仪器上部（如经纬仪的照准部等），一手托住三角基座，严禁直接手提望远镜。在取出和使用仪器过程中，严禁用手直接触摸仪器的目镜和物镜等光学部件，以免造成望远镜成像不清晰的现象。

4. 仪器取出后要及时将箱盖盖好，以免尘土、杂草、树叶等杂物进入箱内及防止仪器附件丢失。

5. 仪器在三脚架上安装时要一手握住支架，一手旋转三脚架中心螺旋，中心螺旋应拧紧，以免仪器在基座上滑动，从而影响观测质量和仪器安全，同时三脚架腿的三颗紧固螺丝应旋紧，有效避免因三脚架倾覆而摔坏仪器。

6. 仪器架设好后，仪器操作者必须在仪器旁值守，以免意外情况发生而导致仪器损伤。

7. 操作仪器时，要用力均匀；仪器各螺旋不要旋得过紧，以免滑扣或损坏；若仪器某部件紧固难动或发生故障，切勿强行扭动，更不准随意拆卸。各微动螺旋和脚螺旋，均应使用其中间部位，切勿将这类螺旋旋到其极限位置使用。在任何情况下操作使用测绘仪器设备都要"手轻心细"，以防损坏仪器设备的制动、微动部件或轴系。进行仪器设备的操作时，应先松开其制动螺旋，一手握住制动螺旋（或支架）使其旋转，严禁手握望远镜强行旋转操作。

8. 无论仪器处在工作状态还是放在箱内，均不得直接放在强烈阳光下暴晒。

9. 观测时，切勿直接将仪器瞄准太阳，因为这样会损坏仪器内部元件，也会对观测者的眼睛造成严重伤害。在太阳较低（如早晨、黄昏）时，或太阳直射物镜时，应用记录板或测伞遮挡；在烈日下观测，应正确使用测伞。

10. 在使用电子经纬仪、电子水准仪、光电测距仪、全站仪和陀螺经纬仪等电子仪器设备前，应对其专用电池充电，在确认电池的电量处于正常工作状态后，方可使用。

11. 仪器迁站时，仪器箱应随仪器一起移动。近距离迁站，仪器和三脚架可以一起搬动，但不可以水平方向将仪器扛在肩上进行迁站；应收拢三脚架腿，夹在腋下，一手托住照准部，并松开制动螺旋后，进行迁站。如果远距离迁站，应取下仪器，装箱搬运。

12. 仪器使用完毕装箱前，应清除仪器（表面）外部灰尘，光学部件（如物镜、目镜、反光镜等）不要用手帕等物擦拭，应用柔软洁净的毛刷或绒布擦拭；从基座上取下仪器时，应一手握住支架，一手旋开三脚架中心螺旋，严禁松开三脚架中心螺旋而不握住仪器支架；装箱时，应先松开所有制动螺旋，再放置仪器；仪器放好后再固定制动螺旋，以防仪器在箱内转动而损坏部件。

另外,应注意清点箱内各附件,以防丢失,最后一定把箱盖扣紧并锁好。

13. 在使用金属塔尺和条纹标尺时,应远离电气设备(如高压线、变电所等),以避免触电危险。特别提醒:金属塔尺等不得在空旷的区域内且有雷电的情况下使用,以避免雷击的危险。

14. 使用条纹标尺时,应尽量戴手套,因为条纹标尺表面粘上灰尘、划伤或碰伤,会导致其无法读数和测量。

15. 严禁在标尺、架腿、仪器箱上坐卧。

16. 必须爱护三脚架、标尺、钢尺、测伞、书表等各种测量用具;三脚架和标尺不用时,切勿将其靠在墙上或树枝上;收工时,必须将三脚架腿、标尺、钢尺上的泥土擦拭干净。

二、工具使用注意事项

1. 钢尺应防压、防扭、防潮湿,防止行人踩踏和车辆碾压,用毕及时擦净上油后卷起。

2. 皮尺使用时应严防潮湿,万一弄湿应在晾干后再卷入尺盒内。

3. 钢尺、皮尺使用时均不允许在地面上拖行,以免磨损刻划线(简称"刻划")。

4. 扶持水准尺时应爱护尺面刻划,勿用手或其他东西摩擦尺子刻划(特别是 1.3 m 上下部分),以保持刻划清晰易读。

5. 水准尺、标杆严禁横向受力,以免弯曲变形影响使用。作业时应由专人认真扶直,不准靠在树、墙或电杆上。不用时应平放在不影响车辆和社会人员通行的地面上。

6. 不准用水准尺或标杆抬、担物品,不准投掷标杆、钢尺、垂球、斧头等。

7. 注意保护垂球尖部,严禁用垂球尖部撞击硬物和地面,以保证垂球对中的精度。

8. 垂球线上不准打死结,如需调节其长短,可用调节板或打活结。

9. 测伞杆应当牢固插入地下并固定。不能插入地下时,应由专人扶持,以免大风吹倒,导致测伞和仪器受损。

10. 严禁用测量仪器、工具等打斗玩耍。凡属此种造成仪器、工具损坏者,必须加倍赔偿,并作书面检查。

实训要求及注意事项

"矿山测量"是一门实践性很强的课程,通过实训将课堂所学知识与工程实践结合起来,以达到巩固所学知识、提升专业技能的目的,并锻炼学生的仪器操作能力和计算能力,培养学生严肃认真的工作作风,提高业务组织能力。

一、基本要求

(一)实训准备

1. 认真阅读教科书及相关实训的指导书,了解本次实训的内容、要求及方法步骤。

2. 实训前,要求每位同学就实训内容、方法步骤及限差要求、测量数据处理方法等写出预习报告。预习报告应简洁明了,思路清楚。

3. 按规定时间借用仪器设备,检查仪器设备是否齐全、完好,并办理借用手续。

(二)实训规则

1. 开始实训前,必须达到实训前准备工作的全部要求,写好预习报告,经指导教师审查合格后,方允许实训。

2. 在指定地点按要求进行操作。

3. 必须按规定方法操作仪器,按规定方法进行测量,各项观测数据必须满足限差要求。

4. 测量记录手簿必须用铅笔按规定格式记录清楚,相关栏目如测站号、观测者、记录者等必须填写齐全,实训记录手簿不得涂改,测量记录的划改要规范。

5. 要本着实事求是的态度进行实训,不得弄虚作假;否则,一经发现,指导教师有权取消相关人员的实训资格,其实训成绩以零分计。

6. 参加实训的人员,不得迟到、早退。若有同学中途退出实训,其本项实训成绩以零分计。

7. 实训结束后,按规定时间和要求归还仪器。

(三)实训报告

实训报告是实训工作的全面总结,是测量专业技能训练的重要环节,要求同学们认真完成。实训报告要求文理通顺、字迹工整、图表清晰整齐、内容齐全、数据处理规范正确、格式统一。要求每位同学按时独立完成。实训报告内容包括:

1. 实训名称、地点、时间、组员、组别。

2. 实训目的、要求。

3. 实训内容和方法步骤。

4. 观测数据处理,包括图、表,并附实训原始记录。

5. 对实训获取的数据进行分析、总结,并写出收获与体会。

6. 实训中如有项目超限,分析超限原因,说明处理方法。

二、注意事项

1. 在仪器使用过程中，搬运仪器时应将仪器装入仪器箱内再行搬运，搬运时应由专人用手提着或者背着，并时刻注意不受碰撞。

2. 点下对中时应特别注意将垂球系牢，以防掉下来打坏望远镜或水准管，对中完毕后应将垂球取下。

3. 用钢尺量边时，要小心钢尺碰到架空电线或裸露电缆，以免发生电击事故。

4. 钢尺用完后，必须立即擦净上油。

5. 用钢尺量边时，施加拉力不要过猛，钢尺必须拉平，不得扭曲绕弯，以免折断钢尺。

6. 一井定向时，上下水平都应有专人负责安全，以免发生意外事故。在工作时间内，上水平工作的同学必须小心，应采取有效措施避免任何东西（如木片、石块、钉子、工具等）坠落到下水平，避免造成伤害事故；除非必要，否则下水平的作业人员不要停留在梯子间内。

7. 实训过程中时刻把安全意识牢记于心，警钟长鸣。

学习情境一　井下平面控制测量

一、实训项目描述

在井下平面控制测量学习情境中应掌握的基本技能包括：布置井下导线、井下导线角度测量、井下导线边长测量、井下导线测量外业组织、井下导线测量内业计算绘图、分析井下导线测量误差等。通过井下导线角度测量、井下导线边长测量、井下导线测量三个实训项目的实训，实现上述技能的培养。

1. 学习目标

(1)熟悉井下作业环境。

(2)能够熟练操作矿用经纬仪。

(3)能够完成井下导线外业。

(4)能够完成井下导线内业计算及巷道平面图绘制。

(5)能够进行井下导线测量的误差分析。

(6)具备矿山环境下的安全意识和协作精神。

2. 主要内容

(1)分析项目作业条件、要求。

(2)了解规程要求。

(3)讨论作业方案。

(4)分解项目工作任务，选取仪器工具。

(5)掌握操作方法及限差要求。

(6)完成实际环境下的作业训练。

(7)提交成果及评价。

3. 考核方式

每个作业小组完成井下基本控制导线三站支导线的往返测量，每单程各测站进行两测回水平角观测，一测回竖直角观测，各边长用钢尺进行往返丈量，内业完成导线成果的计算并评定精度。

4. 成绩评定标准

(1)作业的规范性 30 分。正确使用仪器、工具，严格执行作业规程，保证记录格式正确、各站观测数据校核无误等。

(2)观测成果的质量 20 分。

(3)作业的熟练程度 30 分。

(4)作业中的作用和表现 20 分。

根据每位同学在各个作业位置和全组作业组织中的表现，由指导教师给出相应的分数。

二、实训任务

1. 项目分析

木城涧煤矿位于北京市门头沟区,开采古生界石炭二叠系和中生界侏罗系的煤层,范围为东西长 10 000 m,南北宽 2 500 m,井田面积约为 25 km²。建立井下平面控制系统,作为确定井下巷道、硐室、工作面及地质采矿工程平面位置的基础,同时也作为巷道贯通、安装大型设备等工程标定要素计算及现场标定的依据。

2. 任务分解

建立井下平面控制系统项目分解为以下工作任务:井下导线的布设、井下导线角度测量、井下导线边长测量、井下导线外业组织、井下导线内业计算及绘图、井下导线误差分析。

3. 各环节功能

1)井下导线布设

功能:确定导线精度等级,标出导线点位置和导线线路。

工作过程:确定导线测量方案,选点,埋点,编号,做出点之记。

2)角度测量

功能:测量各点水平角,用于推算各边方位角;测量各边的竖直角,用于计算水平边长和计算三角高程。

工作过程:安置仪器和觇标,前后视照明,瞄准读数,记录,计算、检查观测数据。

3)边长测量

功能:边长加入各项改正,用于计算三角高程;化算为水平边长,用于计算各边上的坐标增量。

工作过程:丈量边长,改正计算,化算水平边长,计算边长平均值并填入坐标计算表。

4)井下导线外业组织

功能:根据导线测量方案要求,结合现场的工作条件,合理组织,提高井下导线测量工作效率。

工作过程:组织人员,进行分工,明确任务,制订工作计划,准备仪器工具,现场实施,提交资料。

5)计算与绘图

功能:取得导线点坐标、导线边方位角、边长等成果,作为井下平面位置及方向确定的依据,根据导线成果及碎部资料绘制矿图,作为矿井安全生产、调度、设计、规划的重要依据。

工作过程:检查整理外业资料,计算边长改正和平均边长,填写台账,角度闭合差计算及分配,推算坐标方位角,计算坐标增量,坐标增量闭合差计算与分配,计算坐标,填写坐标成果表,绘制方格网,展绘控制点,绘出巷道及硐室,绘出其他地质采矿特征点。

6)井下导线测量误差分析

功能:确定导线测量误差来源,通过理论估算和实测资料分析确定误差数值及误差参数,作为设计导线和评定导线精度的基础,也便于在导线测量过程中采取有效措施减小误差。

工作过程:分析井下测量水平角的误差来源,理论估算各项误差值,计算井下测量水平角总误差,根据实测资料计算测角误差及其参数,分析井下边长测量误差来源,根据实测资料计算量边误差系数,分析导线误差,计算支导线误差、方向符合导线误差。

学生的井下导线测量误差分析专业技能的培养,将通过思考题和习题以及课程综合实习来完成。

4. 作业方案

起算边到导线最远点的距离超过 5 000 m,从井下导线起算边起,沿井底车场、运输大巷、采区上下山、暗斜井等主要巷道布置 7″导线作为井下基本控制导线,次要巷道中布置 15″导线作为采区控制导线。随着巷道的延伸先敷设 15″采区控制导线,来控制巷道中线的标定和及时填绘矿图,巷道每掘进 30~100 m 延长一次导线。当巷道掘进到 500 m 时,再敷设 7″基本控制导线,用来检查前面已敷设的低等级采区控制导线是否正确。当巷道继续向前掘进时,以基本控制导线测设的最终边为基础,向前敷设低等级控制导线和给中线。当巷道再掘进 500 m 时,再延长基本控制导线。7″基本控制导线采用经纬仪测角、钢尺量边和全站仪测角量边手工记录两种方法,15″导线采用光学经纬仪测角、钢尺量边的方法,内业计算采用手算和软件计算对照,成图采用小范围手工填图、计算机辅助设计(CAD)软件数字化绘图相结合的方式。以 4~5 人为一个工作小组,紧密结合巷道掘进状况,根据掘进进度确定延长基本控制导线和加密导线时间。

5. 教学组织

围绕木城涧煤矿井下平面控制测量项目进行教学组织,针对完成项目及各个环节所需的专业能力、方法能力、社会能力进行讲解、示范、训练。每 6 名学生分为一组,在查阅资料、制订作业方案、确定作业方法与工作流程、实施作业等环节都以小组为单位进行工作。

6. 检查

所选择项目具有代表性,针对完成项目进行训练,能够使学生具备完成各煤矿井下平面控制测量的相关能力。

实训项目 1-1　井下导线角度测量

一、目的与要求

要求每组按照井下 15″ 采区控制导线的要求,施测一站水平角,各小组在教师指定的巷道进行测量,每位同学均应从安置仪器开始,完成至少一个测回的水平角观测。目的是使学生掌握井下水平角测量的基本方法和注意事项,体验布设井下导线的依据、要求和方法。

二、实训地点

校内测量专业实训基地。

三、仪器设备

经纬仪×1,小垂球×3,水平角测回法测量手簿×1,背包×1,手电筒×4,小钉、线绳若干。

四、操作方法及步骤

1. 实训准备

在教师指定的巷道中,给每个导线点挂垂球线,观察并了解井下导线布设的形式、导线点的安设和观测目标的设立。按要求明确实训组内每个人的分工,参与井下导线水平角测量外业组织与实施。

2. 安置仪器

利用活动垂球进行点下对中整平,对中误差应小于 1 mm。

3. 瞄准与照明

仪器安置好后,在两个照准点上分别悬挂垂球线,就可以开始水平角观测;由于环境黑暗,瞄准时应分别用矿灯将照准点上的垂球线照亮,便于瞄准。

4. 水平角观测

采用测回法一测回观测水平角。

观测限差如表 1-1 所示。

表 1-1　水平角观测限差

仪器级别	同一测回中半测回互差	检验角与最终角之差	两测回间互差	两次对中测回(复测)间互差
DJ$_6$	40″	40″	30″	60″

井下导线角度测量的记录表格如表 1-2 所示。

表 1-2　测回法水平角观测记录表

观测者：　　　　记录者：　　　　仪器型号：　　　　观测日期：

测站	目标	竖盘位置 /(° ′ ″)	水平度盘读数 /(° ′ ″)	半测回角值 /(° ′ ″)	一测回角值 /(° ′ ″)	备注

五、数据处理

1. 水平角观测数据的整理计算

当所测水平角满足限差要求时,将实训组内各位同学观测结果的平均值作为最终的水平角观测值。

2. 记录和结果上交

上交观测记录和每组水平角观测的最终结果。

实训项目 1-2　井下导线边长测量

一、目的与要求

要求按照井下 15″采区控制导线的测量规范,每组施测一条边,往返丈量导线边长。每位同学应在施测过程中轮换不同的岗位,目的是使学生掌握井下导线边长测量外业全过程及导线边长测量工作的组织与实施。

二、实训地点

校内测量专业实训基地。

三、仪器设备

经纬仪×1,小垂球×3,钢尺×1,拉力计×1,导线测量手簿×1,背包×1,小钢卷尺×1,矿灯(或手电筒)×4,小钉、线绳若干。

四、操作方法及步骤

(1)在教师指定的巷道中,在每个导线点下挂垂球线。

(2)使用本组校准过的钢尺悬空丈量导线边长。边长大于尺长时,应先定线后丈量,可采用经纬仪或矿灯肉眼定线,最小分段长度不得小于 10 m,定线偏差不得超过 5 cm。实训小组内明确导线边长丈量的分工,参与边长测量外业组织与实施。

(3)在各分段端点上挂垂球线,并依据经纬仪给出的水平视线(或倾斜视线)在垂球线上用大头针做出标记。

(4)用钢尺悬空水平丈量,加标准拉力并测记温度。每段以不同起点读数三次,读至毫米值,长度互差应小于 3 mm,将读数记入手簿,并取三次的平均值作为丈量结果。记录表格见表 1-3。

(5)导线边长必须往返测量,丈量结果加入各种改正数的水平边长互差不得大于边长的1/6 000。当边长小于 15 m 或在倾角为 15°以上的斜巷中量边时,上述互差可放宽到 1/4 000。

在倾斜巷道中,应丈量倾斜边长,其倾角与水平角测量同时进行。一般用一个测回观测竖直角即可。

五、数据处理

整理计算导线边长观测数据时,对往测和返测边长观测值分别加入尺长改正、温度改正、垂曲改正、倾斜改正等改正数,分别求得经改正后的导线往返测水平边长。当往返水平边长符合限差要求时,取其平均值作为导线边长最终值,计算格式见表 1-4。

表 1-3　钢尺量量距记录表

线段	往测长度		返测长度		往返差/m	往返平均/m	相对精度
	分段长/m	总长/m	分段长/m	总长/m			

表 1-4　钢尺量距计算表

导线边号		所测长度 /m	温度 /℃	温度改正 /mm	尺长改正 /mm	垂曲改正 /mm	倾斜改正 /mm	改正后边长/m	平均值 /m
1—2	往测								
	返测								
2—3	往测								
	返测								
3—4	往测								
	返测								
4—1	往测								
	返测								

实训项目 1-3　井下导线测量

一、目的与要求

要求每组按照井下 15″采区控制导线的施测规格完成一条闭合导线的测量任务,各小组在教师指定的巷道进行测量,每位同学应测三个以上测站。目的是使学生掌握井下基本控制导线外业测量和测量数据内业处理的全过程。

二、实训地点

校内测量专业实训基地。

三、仪器设备

经纬仪×1,小垂球×3,钢尺×1,拉力计×1,导线测量手簿×1,背包×1,小钢卷尺×1,矿灯(或手电筒)×4,小钉、线绳若干。

四、操作方法及步骤

1. 实训准备

在教师指定的巷道中,给每个导线点挂垂球线。了解巷道中的作业环境,选择多个导线点构成实训必需的采区控制导线(每位同学均应参与,从而掌握如何布置井下导线)。

2. 测角

沿导线前进方向测量左角,用 DJ$_6$ 级经纬仪对导线水平角进行观测,采用点下垂球对中的方式。对中次数和测回数如表 1-5 所示。

表 1-5　仪器对中次数与测回数

边长在 15 m 以内		边长为 15～30 m		边长在 30 m 以上	
对中次数	测回数	对中次数	测回数	对中次数	测回数
2	2	1	2	1	2

井下导线测量过程中,水平角观测的限差见表 1-1。

3. 量边

(1)导线边长使用本组检定过的钢尺悬空丈量。丈量大于尺长的边时,应先定线,可使用经纬仪或矿灯肉眼定线,最小分段长度不得小于 10 m,定线偏差不得超过 5 cm。

(2)在各分段端点上挂垂球线,用钢尺悬空水平丈量,加标准拉力并测记温度。每段以不同起点读数三次,读至毫米值,长度互差应小于 3 mm,将读数记入手簿,并取三次的平均值作为丈量结果。

(3)导线边长必须往返测量,丈量结果加入各种改正数的水平边长互差不得大于边长的 1/6 000。当边长小于 15 m 或在倾角为 15°以上的斜巷中量边时,上述互差可放宽到 1/4 000。在倾斜巷道中,应丈量倾斜边长,其倾角与水平角测量同时进行。一般用一个测回观测竖直角即可。

（4）在各个测站上，还需用钢尺量左、量右、量上、量下，并记入手簿中，并在手簿中绘出巷道的草图。

（5）各组所测导线若是闭合导线时，可单程测量一次；若是支导线时，必须进行复测。

五、数据处理

每位同学独立完成所测导线的内业计算工作，掌握井下经纬仪导线测量内业计算的专业技能。通过计算和绘图，初步掌握井下巷道、硐室和采矿工程特征点填绘的基本方法。

1. 水平角观测数据的处理

（1）当所测水平角满足限差要求时，取其平均值作为水平角观测值。

（2）计算导线角度闭合差。15″采区控制导线的角度闭合差对于闭合导线或附合导线不应超过 $\pm 30″\sqrt{n}$（n 为闭合导线或附合导线的总站数），对于复测支导线不应超过 $\pm 30″\sqrt{n_1+n_2}$（n_1，n_2 分别为复测支导线第一次和第二次测量的总站数）。符合上述限差的水平角闭合差可反号平均分配到各角的观测值上。

2. 导线边长观测数据的整理

将往测和返测边长观测值加上尺长、温度、垂曲、倾斜等改正数，求得经改正后的导线往返测水平边长。当往返导线水平长度符合限差要求时，取其平均值作为导线边长最终值。

3. 导线点坐标计算

在导线计算表格上进行导线点坐标计算。当导线全长相对闭合差不超过 1/6 000（闭合导线、附合导线）或 1/4 000（复测支导线）时，可将坐标增量闭合差按边长成比例分配，最后计算出各点的坐标。导线计算表格如表 1-6 所示。

表 1-6　附合导线坐标计算表

点号	观测角 /(° ′ ″)	改正数 /(° ′ ″)	改正角 /(° ′ ″)	方位角 /(° ′ ″)	距离 /m	增量计算值		改正后增量	坐标值	
						$\Delta X/m$	$\Delta Y/m$	$\Delta X/m$	X/m	X/m	Y/m
辅助计算					导线草图					

4. 绘制巷道轮廓图

按给定的比例,绘制出巷道轮廓图:根据导线计算结果进行展点,依据导线测量外业绘制的巷道草图进行矿图填绘。

思考题与习题

1. 井下导线是如何实现高级控制低级的?
2. 井下导线的永久点和临时点是根据什么确定的?
3. 如何对一台没有镜上中心的经纬仪(或全站仪)刻划出其镜上中心?
4. 井下导线分为哪几级? 其精度要求是什么?
5. 如何确定某矿井井下导线测量的测角中误差?
6. 如何确定某矿井井下导线测量中量边误差系数 a、b 的值?

学习情境二 建立井下高程控制系统

一、实训项目描述

建立井下高程控制系统学习情境中,应掌握的基本专业技能包括:井下水准测量及井下剖面测量、井下三角高程测量、井下高程路线的平差计算、分析井下高程测量误差等。通过井下水准测量、井下三角高程测量、巷道纵剖面测量三个项目的实训,实现对学生专业技能的培养。

1. 学习目标

(1)熟悉井下作业环境。

(2)能够熟练操作水准仪。

(3)能够完成井下水准及剖面测量外业。

(4)能够完成井下水准、剖面测量内业计算及巷道剖面图绘制。

(5)能够完成井下三角高程测量外业及内业计算。

(6)能够进行井下水准测量的误差分析。

(7)具备矿山环境下的安全意识和协作精神。

2. 主要内容

(1)分析项目作业条件、要求。

(2)了解规程要求。

(3)讨论作业方案。

(4)分解项目工作任务,选取仪器工具。

(5)掌握操作方法及限差要求。

(6)完成实际环境下的作业训练。

(7)提交成果及评价。

3. 考核方式

每个作业小组完成井下 200 m 巷道底板的剖面测量,要求每 10 m 一个中间点,转点间高差按井下水准测量的要求用两次仪器高观测,计算出各转点及中间点高程并绘出巷道纵剖面图。

4. 成绩评定标准

(1)观测成果的质量 30 分。

(2)作业的熟练程度 40 分。

(3)作业中的表现 30 分。

根据每位同学在各个作业位置的表现,由实训指导教师给出实训成绩。

二、教学任务设计

1. 项目分析

木城涧煤矿位于北京市西部,开采古生界石炭二叠系和中生界侏罗系的煤层,范围为东西长 10 000 m,南北宽 2 500 m,井田面积约为 25 km²。建立井下高程控制系统,作为确定井下巷道、硐室、工作面及地质采矿工程高程控制的基础,同时也作为巷道贯通、安装大型设备等工程标定要素计算及现场标定的依据。

2. 任务分解

建立高程控制系统项目分解为以下工作任务:井下水准测量、井下剖面测量、井下三角高程测量、井下高程路线的平差计算、井下高程测量误差分析。

3. 各环节功能

1)井下水准路线布设

功能:确定井下工程控制的等级,标出水准点位置和水准线路。

工作过程:确定井下高程测量方案,选点,埋点,编号,做出点之记。

2)水准测量与剖面测量

功能:测量各水平巷道中各个水准点之间的高差,用于推算各水准点的高程,并检查巷道质量和铺轨质量。

工作过程:安置仪器和钢尺,前后视照明,瞄准读数,记录,计算、检查观测数据;完成水准路线的内业计算;确定剖面测量点,观测各个剖面测量点的高程,绘制剖面图。

3)井下水准测量的实施

功能:根据井下水准测量方案要求,结合现场的工作条件,合理组织,提高井下工作效率。

工作过程:组织人员,进行分工,明确任务,制订工作计划,准备仪器工具,现场实施,提交资料。

4)计算与绘图

功能:取得水准点坐标、剖面图等成果,作为井下高程测量的依据,根据井下水准测量成果及剖面观测资料绘制巷道纵断面图,作为矿井安全生产、调度、设计、规划的重要依据。

工作过程:检查整理外业资料、水准点高程、填写台账,高程闭合差计算与分配,高程计算,纵断面图绘制。

5)井下高程测量误差分析

功能:确定井下水准测量误差来源,通过理论估算和实测资料分析确定误差数值及误差参数,作为设计高程测量和评定精度的基础,也便于在水准测量过程中采取有效措施减小误差。

工作过程:分析井下水准测量的误差来源,理论估算各项误差值,计算水准测量总误差,根据实测资料计算水准测量误差及其参数,分析井下水准测量误差来源,分析闭合水准路线误差,分析支水准路线误差、附合水准路线误差。

学生井下高程测量误差分析的基本专业技能的掌握,将通过思考题和习题以及课程综合实习教学环节完成。

4. 作业方案

起算点到最远点的距离超过 5 000 m,从井下水准基点起,沿井底车场、运输大巷、采区上下山、暗斜井等主要巷道布置一级水准路线作为首级控制,在次要巷道中布置二级水准路线作为加密控制。随着巷道的延伸先敷设低等级水准路线,来控制巷道腰线的标定和及时填绘矿图。当巷道继续向前掘进时,以基于水准测量测设的水准点为基础,向前敷设二级水准路线。当巷道每掘进 500 m 时,延长一次一级水准路线。内业计算采用手算和软件计算对照,总剖面图成图采用小范围手工填图、计算机辅助设计(CAD)软件数字化绘图相结合的方式。以 4~

5 人为一个工作小组,紧密结合巷道掘进状况,根据掘进进度确定作业周期。

5. 教学组织

以木城涧煤矿井下水准测量项目为实训项目载体进行教学组织,针对完成项目及各个环节所需的专业能力、方法能力、社会能力进行讲解、示范、训练。每 4～5 名学生分为一组,在查阅资料、制订作业方案、确定作业方法与工作流程、实施作业等环节都以小组为单位进行工作。

6. 检查

所选择项目具有代表性,针对完成项目进行训练,能够使学生具备完成煤矿井下高程控制测量的相关能力。

实训项目 2-1　井下水准测量

一、目的与要求

要求每组学生按照井下水准测量的技术要求,完成复测一条支水准路线的测量全过程。目的是使学生了解井下水准测量的特点,掌握井下水准测量的外业测量方法和测量数据的内业处理方法,了解与地面水准测量的区别。

二、实习地点

校内测量专业实训基地。

三、仪器设备

水准仪×1,塔尺(2 m)×2,测量手簿×1,手电筒×4。

四、操作方法与步骤

巷道内控制点布设如图 2-1 所示。

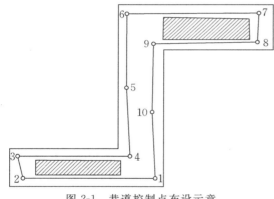

图 2-1　巷道控制点布设示意

(1)将水准仪大致安置在前后尺中间(前后水准点间距以 30~80 m 为宜),并粗略整平仪器。

(2)照准后水准尺,用微倾螺旋使水准管精确整平,并读取后尺读数。

(3)照准前水准尺,用微倾螺旋使水准管精确整平,并读取前尺读数。

(4)变更水准仪高度不小于 10 cm,重复步骤(1)~(3)进行第二次仪器高观测。

(5)检查两次仪器高测得高差的互差,若不大于 5 mm 时,本站观测结束,可以迁站并进行下一测站的观测工作,直至全部测量工作结束为止。

五、观测成果处理

(1)全部测量数据均应记入所发的手簿中,记录时,注明测点的顶底板位置。

(2)两次仪器高所测高差的互差小于 5 mm 时,取其平均值作为观测结果。

(3)井下每组水准点间高差应采用往返测量的方法确定,往返测量高差的较差不大于 $50\sqrt{R}$ mm(R 为水准点间的路线长度,取以 km 为单位的数值)时,取往返观测的平均值(或按测站数进行闭合差分配)作为测量成果。

(4)高程的计算与整理的格式见表 2-1。

表 2-1 水准测量的外业记录及其高程计算表

测站	测点		后视读数 /m	前视读数 /m	后视－前视 /m	平均高差 /m	高程 /m	备注
	点号	尺号						
I			黑					
			红					
				黑				
				红				
II								
III								
IV								
V								
VI								
计算检核	(1)黑红面读数之差＝黑面读数＋尺常数－红面读数。 (2)黑红面所测高差之差＝黑面高差－(红面高差±0.100 m)。 (3)平均高差＝[黑面高差＋(红面高差±0.100 m)]/2。							

实训项目 2-2　井下三角高程测量

一、目的与要求

要求每组学生按照井下一级三角高程测量的技术要求,完成一段倾斜巷道内的高差测量全过程。目的是使学生了解井下三角高程测量的特点,掌握井下三角高程测量的外业测量方法,以及测量数据内业计算和误差处理的方法。

二、实习地点

校内测量专业实训基地。

三、仪器设备

经纬仪×1,小钢尺(2 m)×2,测量手簿×1,手电筒×4,长钢尺(50 m)×1,细线绳若干,大头针若干。

四、操作方法与步骤

(1)巷道内控制点布设如图 2-1 所示。将经纬仪安置在测站点上,在前后视照准点分别悬挂垂球线,并用大头针做好标记,开始前和结束后两次用小钢尺分别丈量仪器高和觇标高并记录,两次丈量结果的互差不得大于 4 mm。

(2)用长钢尺丈量倾斜距离的技术要求与导线测量时距离丈量的技术要求一致。

(3)用经纬仪一测回测量两个方向的竖直角。

五、观测成果处理

(1)全部测量数据均应记入手簿中(表 2-2),记录时,注明测点的顶底板位置。

(2)倾斜边长取往返观测值的平均值。

(3)计算时注意高差、仪器高、觇标高、竖直角的正负号。

(4)高程的计算与整理按表 2-3 的格式进行。

表 2-2　竖直角观测记录表

工作地点：　　　　　　　　　　　　　观测员：　　　　　　　　　　记录员：

测站	仪器高	觇标	觇标高	竖盘位置	竖盘读数 /(° ′ ″)	半测回竖直角 /(° ′ ″)	指标差 /(″)	一测回角值 /(° ′ ″)	照准目标位置

表 2-3　三角高程高差计算表

日期：　　　　　　　　　　　　　　　　　　　　计算：
观测：　　　　　　　　　　　　　　　　　　　　校核：

所求点	1		2	
起算点	A	A	1	1
觇法	直觇	反觇	直觇	反觇
目标				
竖直角 δ				
倾斜距 L				
$L\sin\delta$				
仪器高 i				
觇标高 v				
高差 h				
平均高差 $\bar{h}$				
起算点高程 H_0				
待定点高程 H				
备注与草图				

实训项目 2-3　巷道纵剖面测量

一、目的与要求

要求每组学生按照技术要求,完成一段巷道的纵剖面测量。目的是使学生了解井下巷道纵剖面测量的特点和技术要求,掌握井下巷道纵剖面外业测量方法和测量数据的内业处理及成图方法。

二、实习地点

校内测量专业实训基地。

三、仪器设备

水准仪×1,水准尺(2 m)×2,测量手簿×1,手电筒×4,长皮尺(50 m)×1,粉笔若干。

四、操作方法与步骤

(1)用皮尺在井下巷道内按照 5 m 的间距,在轨面上标记出一系列的点 1、2、3……

(2)安置水准仪,后视已知水准点上的水准尺读数并记录,根据已知水准点的高程,计算出水准仪的视线高。

(3)分别在轨面上标出的点上树立水准尺,并瞄准、读数、记录。

五、观测成果处理

(1)按照仪器高法计算出各测点的高程。

(2)在坐标格网纸上,按照确定的水平横向比例尺和竖直纵向比例尺绘出纵横基准线。

(3)根据计算出的各测点高程,绘制巷道纵断面图。

(4)断面图的纵横比例尺应根据工程需要确定,通常以能够反映出轨面坡度变化为原则确定纵向比例尺,而断面图的横向比例尺通常与巷道平面图的比例尺一致。

思考题与习题

1. 井下高程测量的目的、任务和种类是什么?

2. 井下水准点如何布设?

3. 井下几何水准测量的施测条件、分级、精度要求及施测顺序如何?

4. 井下三角高程测量的施测条件、分级、精度要求及施测顺序如何?为什么井下三角高程测量一般与井下导线同时进行?

5. 如何分析某矿井井下几何水准测量及三角高程测量的误差?

6. 如有一平均倾角为 25°的斜井,全长为 385 m,按基本控制导线的精度要求往返测量三角高程支线,平均边长为 35 m,使用 6″经纬仪以一个测回观测垂直角,试求三角高程测量支线终点高程相对于井口起始点高程的中误差。

7. 设有如图 2-2 所示的水准网，H_1、H_2、H_4、H_5 为四个已知点的高程，试分别用学过的平差方法计算出结点的高程以及整个线路的高差改正数。

已知数据为：$H_1 = 135.527$ m、$H_2 = 131.859$ m、$H_4 = 136.952$ m、$H_5 = 137.364$ m。

观测数据为：各测段的测站数为 $n_1 = 8$、$n_2 = 12$、$n_3 = 10$、$n_4 = 6$、$n_5 = 10$。

各测段实测高差为：$h_1 = -1.350$ m、$h_2 = +2.296$ m、$h_3 = +1.588$ m、$h_4 = -1.187$ m、$h_5 = -1.623$ m。

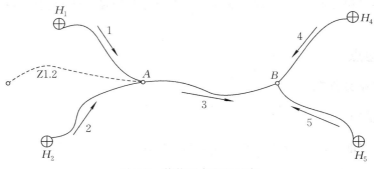

图 2-2　某井下水准网示意

学习情境三　矿井联系测量

一、实训项目描述

矿井联系测量实训项目的内容包括:一井定向测量、两井定向测量、陀螺定向测量和矿井导入标高等。目的是使学生掌握矿井联系测量的基本内容、方法和作业要求,具备矿井定向测量的基本专业技能。

1. 学习目标

(1)熟悉井下作业环境。

(2)能够熟练操作水准仪、经纬仪、全站仪、卫星定位接收机、陀螺经纬仪。

(3)能够完成近井点建立及地面连接导线测量。

(4)能够完成矿井几何定向的投点、连接及内业计算。

(5)能够完成陀螺经纬仪定向的外业、内业。

(6)能够进行矿井定向测量的误差分析。

(7)能够完成立井导入高程的外业、内业。

(8)具备矿山环境下的安全意识和协作精神。

2. 主要内容

(1)分析项目作业条件、要求。

(2)了解规程要求。

(3)讨论作业方案。

(4)分解项目工作任务,选取仪器、设备、工具。

(5)掌握操作方法及限差要求。

(6)完成实际环境下的作业训练。

(7)提交成果及评价。

3. 考核方式

以河北省东庞煤矿矿井联系测量实际工程项目为实训内容的载体,以实训作业小组为单位进行成绩评定,主要考核学生对作业方案的理解及矿井联系测量作业的组织能力、观测技能水平、团结协作能力、数据处理能力等。

4. 成绩评定标准

(1)观测成果的质量 30 分。

(2)作业的熟练程度 40 分。

(3)作业中的表现 30 分。

根据每位同学在各个作业位置的表现,由实训指导教师给出实训成绩。

二、教学项目设计

1. 项目分析

东庞煤矿位于河北省邢台市东北部,井田南北走向长 12.0 km,东西倾斜宽 2.5 km,井田面积约为 30 km² 。矿井服务年限为 50 年。矿井开拓方式为立井分水平,第一水平为 −350 m,第二水平为 −420 m。开采煤层为 2♯煤(大煤)和 4♯煤(野青煤)。井田周围有国家四等控制网。在两个水平应建立井下导线起算边、起算点及高程起算点。矿井条件满足一井定向、两井定向和陀螺经纬仪定向要求。地面标高 +40 m,由于井筒深度较大,对投点有较高要求。

2. 任务分解

本项目分解为以下工作任务:建立近井点和井口水准基点,确定定向和导入高程方案,矿井定向,导入高程,矿井定向测量数据处理,矿井定向误差分析,编制矿井联系测量项目技术报告。

3. 各环节功能

1)建立近井点和井口水准基点

功能:建立近井点和井口水准基点,作为联系测量过程中地面的起算坐标与高程的起算点。

工作过程:准备已有控制点资料,明确规程要求,确定测量方案,选定近井点和井口水准基点位置,埋设标志,做好点之记,测定近井点坐标和后视边方位角,用四等水准线路测定井口水准基点高程。

2)一井定向

功能:通过一个立井井筒向井下传递坐标和坐标方位角,确定井下导线起算边方位角,确定井下导线起算点坐标。

工作过程:确定方案,制订工作计划,准备仪器设备,地面连接导线测量,投点,井上、下连接测量,内业计算,编写技术报告,提交成果。

3)两井定向

功能:通过两个立井井筒向井下传递坐标和坐标方位角,确定井下导线起算边方位角,确定井下导线起算点坐标。

工作过程:确定方案,制订工作计划,准备仪器设备,投点,井上、下连接导线测量,内业计算,编写技术报告,提交成果。

4)陀螺经纬仪定向

功能:用陀螺经纬仪确定井下定向边方位角。

工作过程:确定作业方案,制订工作计划,准备仪器工具,地面测定仪器常数,井下测量定向边陀螺方位角,重新测量仪器常数,计算收敛角,计算定向边坐标方位角,精度评定,提交成果与技术报告。

5)分析矿井定向误差

功能:分析确定定向测量误差来源,通过理论估算和实测资料分析确定误差数值及误差参数,作为定向设计依据,以便于在测量过程中采取有效措施减少各项测量误差因素对定向精度的影响,提高定向成果的精度;通过对本次定向测量成果的精度分析研究,最终确定定向成果的精度指标。

工作过程：分析确定误差来源，确定误差参数，分析确定提高精度的措施；进行误差估计，确定定向测量方案；定向测量工作结束后，对定向测量资料进行分析，并评定定向测量成果的精度。

4. 作业方案

以矿区内国家控制网为基础，采用卫星定位测量、全站仪导线、插网、插点等形式建立近井点；用全站仪 5″导线进行地面连接导线测量；采用一井定向、两井定向、陀螺经纬仪定向的方法进行矿井定向；用长钢尺或钢丝导入高程。以《煤矿测量规程》为作业依据，以小组为单位作业。

5. 教学组织

围绕东庞煤矿矿井联系测量项目进行教学组织，针对完成项目及各个环节所需的专业能力、方法能力、社会能力进行讲解、示范、训练。每 6 名学生分为一组，在查阅资料、制订作业方案、确定作业方法与工作流程、实施作业等环节都以小组为单位进行工作。

6. 检查

所选择项目具有代表性，针对完成项目进行训练，能够使学生具备完成各项矿井联系测量作业组织实施的相关能力。在小组作业过程中培养团队合作意识，培养学生的生产环境适应能力和安全意识，通过对项目的计划、决策、组织及成果提交和汇报培养学生的沟通交流能力和组织能力。

实训项目 3-1   一井定向测量

一、目的与要求

要求学生在教师挂好钢丝的模拟矿井中选择连接点,并进行投点和连接测量,每组完成一个定向水平的投点、连接测量的全部测量过程。目的是使学生掌握一井定向的原理和方法、施测步骤、施测限差,以及一井定向的内业计算及精度评定方法。

二、实训地点

校内测量专业实训基地。

三、仪器设备

经纬仪×1,钢尺×1,记录手簿×1,手电筒×2,手摇绞车×2,钢丝×2,比例尺×2,重锤×2,大水桶×2。

四、操作方法、步骤及要求

1. 投点

采用单重摆动投点法进行投点。投点设备均于实训前由教师组织安设,学生仅作一般了解和检查。

(1)用信号圈法或比距法检查钢丝是否自由悬挂。

(2)采用单重摆动投点。

单重摆动投点是观测垂球线(钢丝)的摆动,然后根据观测结果计算出钢丝静止时的位置并固定,然后进行连接测量。单重摆动投点需要在定向水平增设一观测垂球线摆动的设备——具有标尺的定点盘,其他所需设备及其安装方法与稳定投点一样。

两组人员分别同时在与定点盘标尺垂直的方向上安置经纬仪,并在经纬仪望远镜中观察钢丝摆动,当钢丝摆动到两端逆转点时均以钢丝外缘在标尺上的位置读取读数,估读至0.1 mm。连续读取25个读数,一端为12个,另一端为13个。取其舒勒均值作为垂球线在标尺上的稳定位置,在定点盘上固定其位置即可。

2. 连接测量

采用连接三角形法进行连接测量。

(1)如图 3-1 所示,连接三角形应构成延伸型三角形。因此,在选择连接点 C 及 C' 时应保证:①CD 和 $C'D'$ 边应尽量大于 20 m;②点 C 与 C' 应尽可能在 AB 的延长线上,使三角线的锐角小于 2°;③点 C 与 C' 应适当靠近最近的垂球线,a/c 之值一般应小于 1.5。

(2)测角。在连接点 C 测量 γ 和 φ 两个角度,应采用精度不低于 DJ_6 的经纬仪进行观测。观测方法及限差要求如表 3-1 所示。

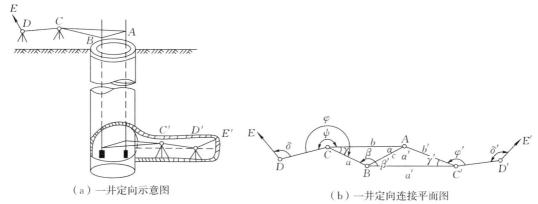

（a）一井定向示意图　　　　　　　　　（b）一井定向连接平面图

图 3-1　一井定向测量井上下连接示意

表 3-1　定向测量角度观测限差要求

仪器级别	水平角观测方法	复测法或测回法次数	测角中误差	限差			
				半测回归零差	各测回互差	检验角与最终角之差	重新对中测回间互差
DJ$_2$	方向观测法	3	$\pm 6''$	12″	12″	—	60″
DJ$_6$	方向观测法或复测法	6	$\pm 6''$	30″	30″	40″	72″

注意：当 CD 边长小于 20 m 时，需对中三次，每次一测回，每次对中时照准部（或基座）位置变换 120°。

（3）量边。应采用本组校准过的钢尺，加标准拉力并测记温度，悬空丈量水平边长。在垂球线稳定的情况下，应用钢尺以不同起点丈量六次，取其平均值作为丈量的最终结果。同一边长各次观测值互差不得大于 2 mm。在垂球摆动的情况下，应将钢尺沿所量三角形的各边方向固定，然后用摆动观测的方法（至少连续读取六个读数）确定钢丝在钢尺上的稳定位置，以求得边长。每边均须用上述方法丈量两次，两次丈量互差不大于 3 mm 时，取其平均值作为丈量结果。

五、数据处理

（1）解算连接三角形。采用正弦公式求角 α 和 β，当 γ＜2°，β＞178°时，可采用简化近似公式计算，即

$$\alpha' = \frac{a}{c}\gamma', \quad \beta' = 180° - \frac{b}{c}\gamma'$$

（2）为检查三角形各边丈量的正确性，两垂球连线长度计算为

$$c_{\text{计}}^2 = a^2 + b^2 - 2ab\cos\gamma$$

该长度的测量值与计算值之差，在井上连接三角形中不得超过 2 mm，在井下连接三角形中不得超过 4 mm。地面连接三角形解算表见表 3-2，井下连接三角形解算表见表 3-3。

（3）坐标计算按一般导线计算方法进行，见表 3-4。

表 3-2　地面连接三角形解算表

序号	计算内容		
1	$c_{计} = b - a + \dfrac{ab(1-\cos\gamma)}{b-a}$		
3	$\cos\gamma$		
4	$1-\cos\gamma$		
5	ab		
6	$ab(1-\cos\gamma)$		
7	$b-a$		
8	$\dfrac{ab(1-\cos\gamma)}{b-a}$		
9	$c_{计}$		
10	$c_{测}$		
11	d		
12	$c+(b-a)$		
13	$c-(b-a)$		
14	$[c+(b-a)][c-(b-a)]$		
15	$-2ab(1-\cos\gamma)$		
16	Σ		
17	$2c$		
18	d		

$$d = \dfrac{[c+(b-a)][c-(b-a)]-2ab(1-\cos\gamma)}{2c} = \dfrac{\Sigma}{2c}$$

序号		a	b	c	γ
2	观测值				
19	$\Delta = \dfrac{d}{3}$				
20	平差值				
21	a/c				
22	b/c				
23	γ'				
24	α'	α			
25	β'	β			
26	β	γ			

序号	计算内容	
27	$\alpha = \dfrac{a}{c}\gamma$	α
28	$\beta = \dfrac{b}{c}\gamma$	β
29		γ
30		Σ
31	m_γ	
32	$m_a = \pm\dfrac{a}{c}m_\gamma$	m_a
33	$m_\beta = \pm\dfrac{b}{c}m_\gamma$	m_β

表 3-3　井下连接三角形解算表

	观测值	a	b	c	γ
1	$c_{计} = b - a + \dfrac{ab(1-\cos\gamma)}{b-a}$				
3	$\cos\gamma$				
4	$1 - \cos\gamma$				
5	ab				
6	$ab(1-\cos\gamma)$				
7	$b - a$				
8	$\dfrac{ab(1-\cos\gamma)}{b-a}$				
9	$c_{计}$	2			
10	$c_{测}$	19 $\Delta = \dfrac{d}{3}$			
11	d	20 平差值			

$$d = \sqrt{\dfrac{[c+(b-a)][c-(b-a)] - 2ab(1-\cos\gamma)}{2c}} = \sqrt{\dfrac{\Sigma}{2c}}$$

$$\alpha = \dfrac{a}{c}\gamma \qquad \beta = \dfrac{b}{c}\gamma$$

12	$c + (b-a)$	21 a/c			
13	$c - (b-a)$	22 b/c			
14	$[c+(b-a)][c-(b-a)]$	23 γ'		27 α	
15	$-2ab(1-\cos\gamma)$	24 α'		28 β	
16	Σ	25 β'		29 γ	
17	$2c$	26 β		30 Σ	
18	d				

$$m_\alpha = \pm\dfrac{a}{c}m_\gamma \qquad m_\beta = \pm\dfrac{b}{c}m_\gamma$$

31	m_γ	
32	m_α	
33	m_β	

表 3-4　连接三角形连接井上下坐标计算

点		水平角 /(° ′ ″)	方位角 /(° ′ ″)	水平边长 /m	坐标增量		坐标		草图
测站	照准点				Δx/m	Δy/m	x/m	y/m	
D	C								
C	D								
	A								
A	C								
	B								
B	A								
	C′								
C′	B								
	E								
E	C′								
	F								
F	E								
	G								

实训项目 3-2 两井定向测量

一、目的与要求

要求学生在教师挂好钢丝的模拟矿井的地面和井下选择连接点,并进行投点和井上下连接测量,每组完成一个定向水平的投点、连接测量的全部测量过程。目的是使学生掌握两井定向的原理和方法、施测步骤、施测限差,以及两井定向的内业计算及精度评定方法。

二、实训地点

校内测量专业实训基地。

三、仪器设备

经纬仪×1,钢尺×1,记录手簿×1,手电筒×2,手摇绞车×2,钢丝×2,重锤×2,大水桶×2。

四、操作方法、步骤及要求

1. 投点

采用单稳定投点法进行投点。投点设备均于实训前由教师组织安设,同学仅作一般了解和检查。

(1)用信号圈法或比距法检查钢丝是否自由悬挂。

(2)采用大水桶稳定投点。

2. 连接测量

井上下均采用导线连接进行连接测量。

(1)地面连接导线应尽量长度最短,边数最少,并尽可能沿着两垂球线连线的延伸方向布设。导线角度测量按±5″的精度进行。

(2)井下连接导线也应与地面连接导线一样,尽可能沿着两垂球线连线的方向延伸,并使其长度最短,边数最少。井下连接导线一般按 7″导线进行测设。

(3)井上下连接导线的边长应尽量使用同一把经过校准的钢尺进行丈量。

五、数据处理

(1)根据地面连接测量的结果,计算出两垂球线的坐标、两垂球线连线的坐标方位角和长度。

(2)确定井下假定坐标系统,计算在定向水平上两垂球线连线的假定坐标方位角和长度。

(3)测量和计算正确性的第一个检验:井上下分别计算的两垂球线之间的长度应相等。

(4)按地面坐标系统计算井下连接导线各边的坐标方位角及各点坐标。

(5)测量和计算正确性的第二个检验:利用两垂球线的井上下坐标来检查,也就是最后将井下连接导线按地面坐标系统进行计算,计算出的井下无定向导线的两端点坐标应与地面连接导线计算出的坐标一致。

(6)根据导线形式和长度等具体情况,自行设计两井定向测量计算表格。

实训项目 3-3　陀螺定向测量（逆转点法）

一、目的与要求

要求通过本项目实训，基本掌握陀螺定向测量的步骤、内容和方法以及陀螺定向仪器的正确使用和操作方法，掌握陀螺定向测量观测数据的记录计算与数据处理。目的是使学生能够正确地采用逆转点法进行陀螺定向的外业观测和内业计算。

陀螺全站仪是光、机、电相结合的精密仪器，操作时一定要严肃认真，动作要轻慢，不懂的地方一定要问清楚后再动手，务必按照规定的操作程序进行操作。

二、实训地点

校内测量专业实训基地。

三、仪器设备

陀螺全站仪×1，观测记录计算表若干。

四、操作步骤

（1）在地面已知边上测定仪器常数2～3次。

（2）在井下定向边上测定定向边的陀螺方位角2次。

（3）仪器上井后再测定仪器常数2～3次。

（4）测定一次陀螺方位角的观测步骤如下：①测前一测回测线方向值观测；②测前陀螺仪零位观测；③粗略定向；④精密定向；⑤测后陀螺仪零位观测；⑥测后一测回测线方向值。

陀螺定向测量（逆转点法）地面观测记录计算表如表3-5所示。陀螺定向测量（逆转点法）井下观测记录计算表如表3-6所示。

五、注意事项

陀螺全站仪定向测量时的注意事项如下：

（1）必须在熟悉陀螺全站仪性能的基础上，由具有一定操作经验的人员来操作仪器。定向精度与操作人员的熟练程度有关，井上下观测一般应由同一观测者进行。前后两次测量仪器常数，一般应在三昼夜内完成。

（2）在启动马达达到额定转速之前和制动过程中，陀螺灵敏部必须处于托起锁紧状态，防止仪器受损。

（3）马达启动后，严禁搬动和水平旋转仪器，否则将产生很大的力，导致仪器损坏。

（4）按使用说明书正确使用电源。

（5）仪器使用完毕，要装入仪器箱内，放入干燥剂，正确存放，不要倒置或躺卧。

（6）仪器存放处应保持干燥、清洁、通风，环境温度以10～30℃为宜。

（7）仪器运输过程中要严格注意防震。

（8）在野外观测时，要避免阳光直射仪器。

（9）注意保持仪器光学部件的清洁，一旦污损，必须用专用工具和特定的方法进行清理。

表 3-5　陀螺定向测量(逆转点法)地面观测记录计算表

仪器型号：　　　测站点：　　　照准点：　　　观测者：　　　观测日期：

项目	左方读数	右方读数	摆动中值	周期	环境及其他条件		计算值	
测前零位					天气		测线方向值	
					气温		陀螺北方向值	
					风力		陀螺方位角	
					振动		仪器常数	
				平均值			地理方位角	
							子午线收敛角	
跟踪逆转点读数					启动时间		坐标方位角	
					观测时间		备注：仪器常数独立观测 5 次，其平均值为	
					制动时间			
				平均值				
测后零位						测线方向值		
					测前		测后	最终平均值
					正镜			
					倒镜			
				平均值	平均值			

表 3-6　陀螺定向测量（逆转点法）井下观测记录计算表

仪器型号：　　　测站点：　　　照准点：　　　观测者：　　　观测日期：

项目	左方读数	摆动中值	右方读数	周期	环境及其他条件		计算值	
测前零位					天气		测线方向值	
					气温		陀螺北方向值	
					风力		陀螺方位角	
					振动		仪器常数	
平均值							地理方位角	
							子午线收敛角	
跟踪逆转点读数					启动时间		坐标方位角	
					观测时间		备注：仪器常数系独立观测 5 次，其平均值为	
					制动时间			
平均值								

	测线方向值		
测后零位		测前	测后
	正镜		
	倒镜		
	平均值		
平均值	最终平均值		

实训项目 3-4　矿井导入标高

一、目的与要求

要求学生在教师挂好钢丝的场所选择连接点,并进行投点和井上下连接测量,每组完成一个定向水平的投点、连接测量的全部测量过程。目的是使学生掌握两井定向的原理和方法、施测步骤、施测限差,掌握两井定向的内业计算及精度评定方法。

二、实训地点

校内测量专业实训基地。

三、仪器设备

水准仪×1,水准尺×1,记录手簿×1,手电筒×2,手摇绞车×2,钢丝×1,重锤×1,大水桶×1。

四、操作方法、步骤及要求

1. 投点

采用单稳定投点法进行投点。投点设备均于实训前由教师组织安设,同学仅作一般了解和检查。

（1）用信号圈法或比距法检查钢丝是否自由悬挂。

（2）采用大水桶稳定投点。

2. 连接测量

井上下连接导入标高的过程如图 3-2 所示。

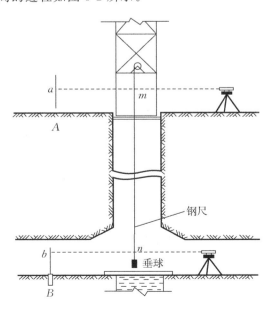

图 3-2　立井导入标高示意

矿井导入标高应独立进行两次。

五、数据处理

(1)测量结果应加入温度改正和自重改正,并取两次测量结果的平均值作为最终成果。

(2)前后两次独立导入标高之差,按《煤矿测量规程》规定不得超过 $l/8\,000$(l 为两标志间的长度)。

思考题与习题

1. 矿井联系测量的目的、任务是什么?为什么要进行矿井联系测量?

2. 为什么精确地确定井下导线起始边的方位角比确定平面坐标 X 和 Y 更重要?

3. 试述采用连接三角形法进行一井定向时的投点和连接工作。

4. 试述两井定向的实质是什么?

5. 陀螺定向测量的原理是什么?

6. 怎样进行陀螺定向测量(如何确定井下定向边的坐标方位角)?

7. 导入标高的实质是什么?怎样用长钢尺和长钢丝导入标高?

8. 某矿进行了一井定向测量,井上下的连接如图 3-3 所示。地面连接三角形的观测数据为 $a = 15.439\,5$ m, $b = 21.551$ m, $c = 6.125$ m, $\gamma = 1°12'39.6''$, $\angle DCA = 185°28'43.2''$, $\angle DCB = 186°41'22.8''$, 导线边 DC 的坐标方位角 $\alpha_{DC} = 53°52'09''$, $x_C = 2\,025.292$ m, $y_C = 552.670$ m, 井下三角形的观测数据为 $a' = 22.986$ m, $b' = 16.861$ m, $c' = 6.124$ m, $\gamma' = 0°10'25''$, 井下定向边 $C'D'$ 的长度为 $s = 25.450$ m。试计算井下定向边的坐标方位角及坐标。

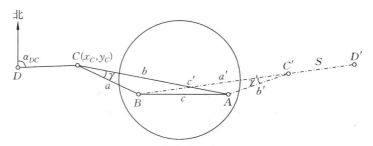

图 3-3　一井定向测量连接示意

9. 某矿在七号井和三号井间进行了两井定向,地面和井下导线连接导线如图 3-4 所示。三角点 J 与 P 连线的坐标方位角为 $\alpha = 321°55'04''$, P 点的坐标为(11 736.920,504 583.520);水平角 $\angle JPC = 49°36'40''$, $\angle PC \mathrm{I} = 359°59'55''$, $\angle C \mathrm{I} A = 88°34'57''$, $\angle PC \mathrm{II} = 197°41'03''$, $\angle C \mathrm{II} \mathrm{III} = 143°11'11''$, $\angle \mathrm{II} \mathrm{III} B = 280°07'48''$;改正后的水平距离为 $l_{P\text{-}C} = 175.460$ m, $l_{\mathrm{I}\text{-}C} = 119.375$ m, $l_{\mathrm{I}\text{-}A} = 43.627$ m, $l_{C\text{-}\mathrm{II}} = 48.256$ m, $l_{\mathrm{II}\text{-}\mathrm{III}} = 71.666$ m, $l_{\mathrm{III}\text{-}B} = 11.059$ m。

井下连接导线的观测数据如表 3-7 所示。

表 3-7　井下连接导线的观测数据

水平角标号	观测值	边长标号	观测值
A-1-2	178°39′44″	A-1	29.040 m
1-2-3	180°33′30″	1-2	44.780 m
2-3-4	220°18′50″	2-3	43.270 m
3-4-5	161°13′31″	3-4	17.666 m
4-5-6	154°59′37″	4-5	24.987 m
5-6-B	182°35′09″	5-6	54.756 m
		6-B	28.321 m

试计算井下导线的坐标方位角和坐标。

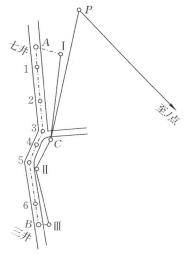

图 3-4　两井定向测量井上下连接导线示意

10. 一井定向测量时投点误差的主要来源有哪些？哪些措施可以减少它们的影响？

11. 投向误差 θ 的含义是什么？如何分析投向误差？

12. 几何定向测量中，误差的组成主要分为哪几个方面？如何计算定向中误差？

13. 连接三角形的最有利形状是什么？

14. 如何进行一井定向测量的误差预计？

15. 如何进行两井定向测量的误差预计？

学习情境四　巷道施工及回采工作面测量

一、实训项目描述

巷道施工及回采工作面测量学习情境中应掌握的基本技能包括:中线测设、腰线测设、激光指向仪的安置与使用。通过巷道施工中的中线测设、腰线测设、激光指向仪的安置与使用三项实训项目,实现中腰线测设数据准备、中腰线测设方案制定、中腰线测设、中腰线延伸及检查、激光指向设备的应用等技能的培养。

1. 学习目标

(1)熟悉井下作业环境。

(2)能够熟练操作水准仪、经纬仪。

(3)能够完成巷道中线的标定。

(4)能够完成巷道腰线的标定。

(5)能够进行巷道施工图纸的验算。

(6)能够完成采区测量。

(7)具备矿山环境下安全意识和协作精神。

2. 主要内容

(1)分析项目作业条件、要求。

(2)了解规程要求。

(3)讨论作业方案。

(4)分解项目工作任务,选取仪器工具。

(5)掌握操作方法及限差要求。

(6)完成实际环境下的作业训练。

(7)提交成果及评价。

3. 考核方式

每个作业小组完成两组腰线的标定,并对各腰线点用水准仪进行检查。

4. 成绩评定标准

(1)作业的规范性 30 分。

(2)标定结果的质量 20 分。

(3)作业的熟练程度 30 分。

(4)作业过程中的作用和表现 20 分。

根据每位同学在各个作业位置和作业组织中的作用和表现,由实训指导教师给出实训成绩。

二、教学项目设计

1. 项目分析

木城涧煤矿现有掘进工作面 15 个,其中,岩石掘进工作面 9 个,煤巷掘进工作面 6 个。掘进方式包括钻眼爆破和综合机械化掘进。支护形式包括单体液压支柱、掩护式支架、柔掩支护、锚杆支护、木支护。采煤工作面有 6 个,其中,2 个采用综合机械化采煤法,1 个采用高档普采采煤法,1 个采用壁式炮采,1 个采用水平分层悬移支架放顶煤采煤法,1 个采用斜坡后退陷落采煤法。生产水平包括＋450 水平、＋330 水平、＋250 水平。通过巷道与回采工作面测量保证每个掘进工作面按设计要求掘进巷道,验收巷道掘进的质量和进度,把已掘进的巷道位置测绘到图纸上,测定采矿工程的特征点。

2. 任务分解

本项目分解为如下工作任务:检查验算设计图纸,标定巷道中线,标定巷道腰线,测量采区及工作面。

3. 各环节功能

1)检查验算设计图纸

功能:保证巷道间几何关系正确,图纸显示数据与注记数据相符。

工作过程:收集资料,明确设计意图,检查数据齐全,验算设计数据。

2)标定巷道中线

功能:保证巷道按设计方向掘进。

工作过程:检查设计图,制订工作计划,准备仪器工具,确定标设数据,标定开切位置和掘进方向,标定和延长中线,测绘已掘进巷道并检查纠正中线。

3)标定巷道腰线

功能:保证巷道按设计坡度和倾角掘进。

工作过程:检查设计图,制订工作计划,准备仪器工具,确定标设数据,标定腰线起点,延长腰线。

4)采区及工作面测量

功能:测绘工作面实际位置,统计储量变化情况,使采区及工作面情况及时反映在采掘工程平面图上。

工作过程:已有导线资料的准备,低等级导线测量,碎部测量,内业计算及绘图。

4. 作业方案

以井下平面控制和高程控制系统为基础,根据设计资料,计算标定数据,用经纬仪、罗盘仪标定巷道开切位置和掘进方向,每 30 m 延长一次中线,用经纬仪标定斜巷腰线,用水准仪标定平巷腰线,每 30 m 延长一次腰线。在规格较高的巷道中安装激光指向仪。作业过程中测量人员应与设计部门及掘进施工单位加强联系配合,掌握施工进度。每月测定一次工作面位置,及时上图。

5. 教学组织

围绕木城涧煤矿巷道与工作面测量项目进行教学组织,针对完成项目及各个环节所需的专业能力、方法能力、社会能力进行讲解、示范、训练。每 6 名学生分为一组,在查阅资料、制订作业方案、确定作业方法与工作流程、实施作业等环节都以小组为单位进行工作。

6. 检查

所选择项目具有代表性,针对技能要求开展训练,能够使学生具备完成各煤矿井下巷道施工及回采工作面测量的相关专业技能。

实训项目 4-1　中线测设

一、目的与要求

要求每组学生按照井下巷道施工中线和腰线标定的技术要求完成两组中线点和一组腰线点的标定过程。目的是使学生了解巷道施工测量工作的特点,掌握在井下巷道中进行中线和腰线设计和标定的基本专业技能。

二、实习地点

校内测量专业实训基地。

三、仪器设备

经纬仪×1,水准仪×1,小垂球×3,钢尺×1,拉力计×1,测量手簿×1,背包×1,小钢卷尺×1,手电筒×4,小钉、线绳若干。

四、中线标定的操作方法及步骤

1. 计算标定数据,标定巷道开切位置

(1)根据设计图获取巷道的开切点 A(图 4-1)的标定要素为 $l_1 = 23.334$ m, $l_2 = 25.465$ m,巷道指向角 $\beta = 85°25'40''$。

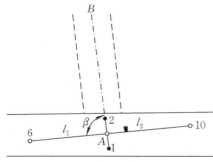

图 4-1　标定巷道开切点

(2)在 6 点安置经纬仪照准 10 点,沿此方向由 6 点量取平距 l_1,在顶板标设开切点 A,并丈量 l_2 作为检核。

(3)在 A 点安置经纬仪,后视 6 点,拨指向角 β,望远镜视线方向即为新开巷道中线 AB 的方向。

(4)沿此方向在原有巷道顶板上固定临时点 2,倒转望远镜在其延长线上再固定临时点 1,则 1、A、2 三点组成一组中线点。

2. 用经纬仪标定巷道中线

(1)巷道开切掘进 4~8 m 时,就需要用经纬仪重新标定巷道中线。检验开切点 A 没移位后,安置仪器于 A 点,正倒镜标定 β 角,并沿视线方向标出 2′点和 2″点,取它们的中点 2 作为中线点(图 4-2)。注意:两测回测 β 角,所测角值与标定角值之差应在 1′内。

(2)沿 $A2$ 方向标设 1 号点。A、1、2 三点组成一组中线点。 中线点固定在顶板上,挂垂球指示巷道掘进方向,一组中线点不少于 3 个,点间距不少于 2 m。

(3)按照上述方法,测设两组中线点。分别编号为 1~6。

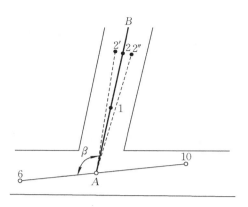

图 4-2　标定巷道中线

五、观测成果处理

(1)全部测量数据均应记入专用的手簿中。

(2)各中线和腰线点的计算与整理按照相关要求进行。

(3)每项标定工作结束后,均应进行检查测量,检查无误后方可移交施工方。

实训项目 4-2　腰线测设

一、目的与要求

要求每组学生按照井下巷道中线和腰线标定的技术要求,完成两组中线点和一组腰线点的标定过程。目的是使学生了解井下测量工作的特点,掌握在井下巷道中进行中线和腰线的设计和标定。

二、实习地点

校内测量专业实训基地。

三、仪器设备

经纬仪×1,水准仪×1,小垂球×3,钢尺×1,拉力计×1,测量手簿×1,背包×1,小钢卷尺×1,手电筒×4,小钉、线绳若干。

四、腰线的标定方法和步骤

(1)在上述测设的两组中线点中,已知 1、2、3 点已标设腰线点,4、5、6 点为待设腰线点标志的一组中线点。安置经纬仪于 3 号点,量仪器顶高 i,正镜瞄准中线,竖盘读数对准巷道设计倾角 δ,如图 4-3 所示。

(2)在中线点 4、5、6 的垂球线上用大头针标出视线位置,用倒镜测其倾角进行检查。已知量为中线点 3 到腰线位置的垂距 a_3,仪器视线至腰线点的垂距离 $b = i - a_3$。

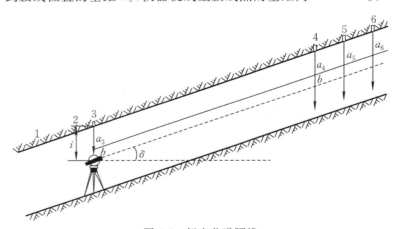

图 4-3　标定巷道腰线

五、观测成果处理

(1)全部测量数据均应记入专用的手簿中。
(2)各中线和腰线点的计算与整理按照相关规定进行。

实训项目 4-3 激光指向仪的安置与使用

一、目的与要求

要求每组学生按照井下巷道标定的中线和腰线完成激光指向仪的检查、安装与调试。目的是使学生了解井下测量工作的特点,掌握激光指向仪的使用方法。

二、实习地点

校内测量专业实训基地。

三、仪器设备

激光指向仪×1,安装组件×1,安装工具×1。

四、激光指向仪的安装

激光指向仪的安置地点距离掘进工作面一般应不小于 70 m。常见的安置位置如图 4-4 所示。

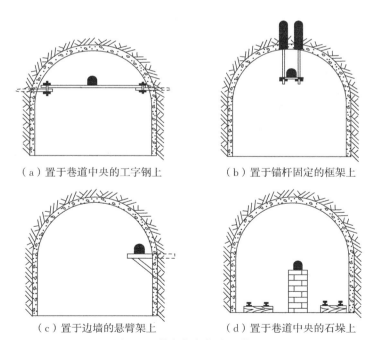

(a)置于巷道中央的工字钢上   (b)置于锚杆固定的框架上

(c)置于边墙的悬臂架上   (d)置于巷道中央的石垛上

图 4-4 激光指向仪安置位置

本实训采用在锚杆上安装激光指向仪的形式,如图 4-5 所示。

安装和调试的步骤如下:

(1)用经纬仪在巷道中标出三个以上中线点,如图中的 A、B、C 三点,并在中线的垂球线上标出腰线的位置,B、C 两点之间的距离为 30~50 m。

（2）在安置激光指向仪的中线点处顶板上按一定的尺寸固定四根锚杆，再将带有长孔的两根角钢安装到锚杆上。

（3）将仪器的托板用螺栓与角钢相连，根据仪器前后的中线移动仪器，并使其处于中线方向上，进行固定。

（4）将电缆从电源经防爆开关引入仪器连接箱内。接通电源，光束就会射出。

（5）调整仪器，正确标定光束方向。微调水平微动螺旋，使光斑中心对准 B、C 两个中线点，再上下调整光束，使光斑中心至两个腰线标志的垂距 d 相同为止。

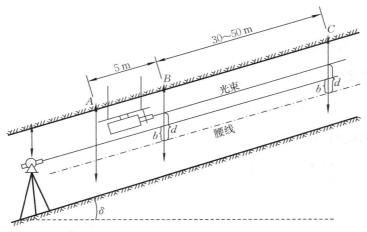

图 4-5　激光指向仪的安装与调试

使用激光指向仪应注意以下事项：

（1）在现场安装激光指向仪，测量人员应要求施工单位一起进行安装。安装完毕，测量人员应将光束与巷道中腰线的关系以书面形式向施工人员交代清楚。

（2）施工人员在使用前应检查光束是否正确，发现问题及时通知测量人员进行检查调整。

（3）巷道每掘进 100 m，要进行一次检查测量，并根据测量结果调整中腰线。

五、激光指向仪的养护

（1）激光指向仪应设专人管理，定期检修，注意日常的养护。

（2）激光指向仪一般在仪器出厂时已经调好聚焦系统，不要擅自拆卸和调焦，以免影响光斑质量。

（3）光斑出现问题时，应在地面进行检修，并重新调整光斑，使光斑的直径和形状达到规定的要求为止。

（4）定期清除光学部件上的粉尘，定期进行养护。

思考题与习题

1. 巷道和回采工作面测量的任务是什么？

2. 罗盘仪测量的原理是什么？

3. 延长巷道中线的方法有哪几种？巷道中线测量与井下平面控制测量有什么关系？

4. 有一段曲线巷道,转向角为 $\alpha = 105°$,巷道中心线的曲线半径为 $R = 20$ m,巷道净宽 $D = 3.5$ m,试设计该曲线巷道的给向方案。

5. 某矿的一个巷道碹岔设计尺寸如图 4-6 所示,试设计该碹岔有关的测量给向工作。

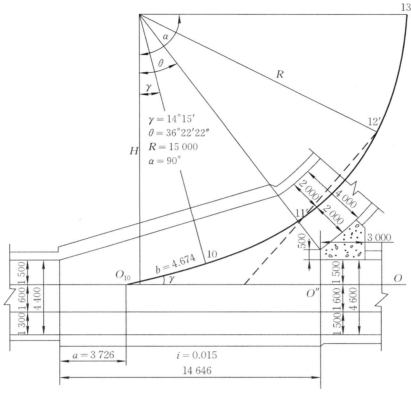

$$\gamma = 14°15'$$
$$\theta = 36°22'22''$$
$$R = 15\,000$$
$$\alpha = 90°$$

图 4-6　某巷道碹岔设计图

6. 某矿井下车场设计图(部分)如图 4-7 所示,其中 O'、O'' 为巷道开帮的起点和终点,巷道倾角为 15°,在 O 点处设置 4 号碹岔(辙叉角为 14°15'),分岔后的轨道连接一曲线,半径为 9 m,转角为 19°49'20'',然后经竖曲线变平,再进入采区。上述设计角度和长度都是施工层面上的数据,在检查图纸时,必须进行施工层面与水平面之间的化算。试进行该车场(部分)设计图纸的检查验算工作。

7. 在水平巷道中标定腰线的方法有哪几种? 该测量工作与井下高程控制测量的关系是什么?

8. 倾斜巷道中用经纬仪标定腰线的方法有几种? 各有什么优缺点? 工作中应注意什么问题?

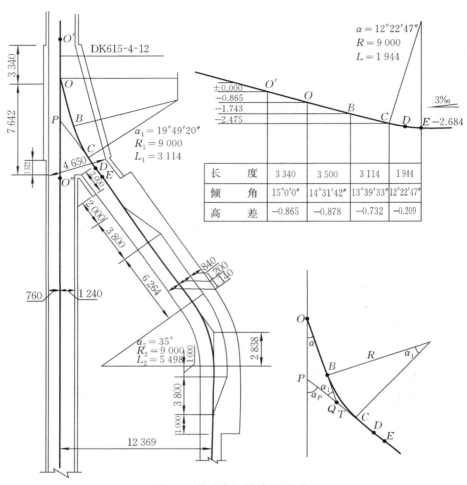

长　度	3 340	3 500	3 114	1 944
倾　角	15°0′0″	14°31′42″	13°39′33″	12°22′47″
高　差	−0.865	−0.878	−0.732	−0.209

图 4-7　某矿车场设计图（部分）

学习情境五　贯通测量

一、实训项目描述

贯通测量学习情境中应掌握的基本专业技能包括：贯通测量方案设计、贯通测量误差预计、贯通测量的组织与实施。通过一井内巷道贯通测量、两井间巷道贯通测量误差预计、立井贯通测量三个实训项目，实现巷道贯通测量技能培养和相关专业素养的养成。

1. 学习目标

(1)熟悉井下作业环境。

(2)能够熟练操作水准仪、经纬仪。

(3)能够完成巷道贯通测量要素的计算。

(4)能够进行贯通测量的组织与施测。

(5)能够进行巷道贯通测量方案制订。

(6)能够进行贯通测量的误差预计。

(7)培养矿山环境下的安全意识和协作精神。

2. 主要内容

(1)分析项目作业条件、要求。

(2)了解规程要求。

(3)讨论作业方案。

(4)分解项目工作任务，选取仪器工具。

(5)掌握操作方法及限差要求。

(6)完成实际环境下的作业训练。

(7)提交成果及评价。

3. 考核方式

以木城涧煤矿贯通测量实际工程项目为实训内容的载体，以实训作业小组为单位进行成绩评定，主要考核学生对作业方案的理解，巷道贯通测量作业组织能力、观测技能、团结协作及数据处理能力等。

4. 成绩评定标准

(1)观测成果的质量 30 分。

(2)作业方案的合理程度 40 分。

(3)作业中的表现 30 分。

根据每位同学在各个作业位置的表现，由实训指导教师给出实训成绩。

二、教学项目设计

1. 项目分析

木城涧煤矿现有掘进工作面 15 个，其中，岩石掘进工作面 9 个，煤巷掘进工作面 6 个。掘进方式包括钻眼爆破和综合机械化掘进。支护形式包括单体液压支柱、掩护式支架、柔掩支护、锚杆支护、木支护。在巷道掘进过程中为加快施工进度和改善劳动条件,经常采用贯通的形式。由于本矿包括三个主要坑口,为满足生产需要,也涉及两井间巷道贯通,例如木城涧井与大台井之间的贯通。

2. 任务分解

本项目分解为如下工作任务:一井内巷道贯通测量,两井间巷道贯通测量,立井贯通测量。

3. 各环节功能

1)一井内巷道贯通测量

功能:在贯通巷道两端布置导线和高程测量线路,计算贯通测量要素,保证巷道在贯通相遇点按设计对接。

工作过程:收集资料,确定贯通测量方案与方法,进行误差预计,组织人员与设备实施贯通测量,计算贯通测量要素,及时标定与延长中腰线,编写设计与总结报告。

2)两井间巷道贯通测量

功能:通过地面联测、联系测量、井下导线与高程测量计算贯通测量要素,保证巷道在贯通相遇点按设计对接。

工作过程:收集资料,确定贯通测量方案与方法,进行误差预计,组织人员与设备实施贯通测量,地面联测,联系测量,井下导线与高程测量,确定贯通巷道两端的坐标与高程,计算贯通测量要素,及时标定与延长中腰线,编写设计与总结报告。

3)立井贯通测量

功能:保证立井贯通与立井延伸顺利对接。

工作过程:收集资料,确定测量方案,布置地面测量线路,进行联系测量,布置井下测量线路,计算标定要素,标定井筒中心。

4. 作业方案

地面测量采用卫星定位测量与全站仪导线测量相结合的方法建立地面控制网,井下导线测量用全站仪与经纬仪相结合的方法,井下高程测量用自动安平工程水准仪进行水准测量,斜巷用三角高程测量。

5. 教学组织

围绕木城涧煤矿巷道贯通测量项目进行教学组织,针对完成项目及各个环节所需的专业能力、方法能力、社会能力进行讲解、示范、训练。每6名学生分为一组,在查阅资料、制订作业方案、确定作业方法与工作流程、实施作业等环节都以小组为单位进行工作。

6. 检查

所选择项目具有代表性,针对完成项目进行训练,能够使学生具备完成各种矿山井下贯通测量的相关能力。

实训项目 5-1　一井内巷道贯通测量

一、目的与要求

井下贯通工程是重要的矿井生产建设工程,贯通测量是贯通工程质量的重要保障性技术支撑。要求每组学生按照井下巷道贯通的规模和精度要求进行贯通测量方案的误差预计。目的是使学生掌握贯通测量误差预计的理论和方法,为将来能够独立进行贯通测量方案的设计打下良好的基础。

二、实训地点

校内测量专业实训室。

三、仪器设备

计算器×1,计算机×1,计算表格若干,绘图工具×1。

四、一井内贯通测量误差预计的方法和步骤

如图 5-1 所示,二石门将在 B 点贯通,导线总长度为 1 960 m。设计采用 $30''$ 采区控制导线和井下二级水准施测。试进行 K 点在重要方向上的误差预计。

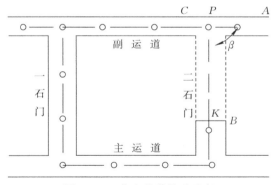

图 5-1　一井内巷道贯通示意

误差预计的内容包括:高程方向和水平重要方向的误差预计。

1. 高程方向的误差预计

(1)按单位长度高差中误差估算水准测量误差引起的 K 点的高程中误差。

(2)按单位长度高差中误差估算三角高程测量误差引起的 K 点的高程中误差。

(3)K 点在高程上的预计中误差计算。

2. 水平重要方向的误差预计

建立假定坐标系,其中一条轴线与贯通的水平重要方向一致,进行误差预计。预计应考虑下列影响因素:①测角误差的影响;②量边误差的影响。

五、方案的对比与选择

　　贯通测量方案选择的原则是测量方案可行、测量方法合理、预计误差小于容许误差并适当留有余地。综合考虑后选择最优方案。

　　应提交的资料包括选用的仪器、观测方案、路线、点位设置等。这也是贯通测量施测工作的依据。

实训项目 5-2　两井间巷道贯通测量误差预计

一、目的与要求

两井间贯通工程是大型矿井建设工程,其贯通测量是一项十分重要的测量工作。要求每组学生按照井下巷道贯通的规模和精度要求进行测量方案的误差预计。目的是使学生掌握贯通测量误差预计的理论和方法,为将来能够独立进行两井间贯通测量方案的制订打下良好的基础。

二、实习地点

校内测量专业实训室。

三、仪器设备

计算器×1,计算机×1,计算表格若干,绘图工具×1。

四、两井间贯通测量误差预计的方法和步骤

如图 5-2 所示,某矿在主井与风井间－425 水平进行主要运输巷道的贯通,根据施工要求采用相向掘进形式施工,贯通相遇点在 3095 中央回风上山中部,如图 5-2 所示,井上控制导线设计图的比例尺为 1:5 000,地面连接导线为 5″导线,地下导线为 7″导线(自行设计);地面高程测量按四等水准测量要求进行,井下采用Ⅰ级水准进行控制。试进行贯通相遇点在重要方向上的误差预计。

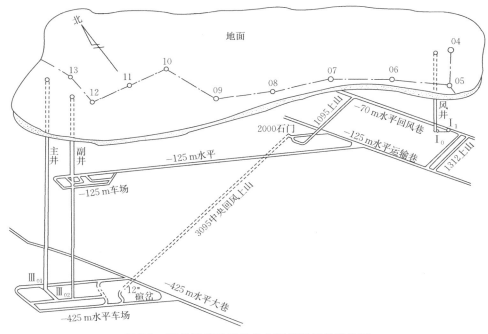

图 5-2　两井间贯通测量井上下控制导线设计图

误差预计的内容包括:高程方向和水平重要方向的误差预计。

1. 高程方向的误差预计

(1)按单位长度高差中误差估算水准测量误差引起的 K 点的高程中误差,预计时应考虑地面高程测量的误差、导入标高的误差以及井下水准测量的误差。

(2)井下有倾角较大的巷道,应考虑井下三角高程测量引起的 K 点的高程中误差。

(3)K 点在高程上的预计中误差计算。

2. 水平重要方向上的误差预计

建立假定坐标系,其中一条轴线与贯通的水平重要方向一致,进行误差预计。预计时应考虑下列影响因素:①地面导线测角误差;②地面导线量边误差;③井下导线测角误差;④井下导线量边误差;⑤井下定向边误差;⑥井下已知点误差。

五、方案的对比与选择

贯通测量方案选择的原则是测量方案可行、测量方法合理、预计误差小于容许误差并适当留有余地。综合考虑后选择最优方案。

应提交的资料包括选用的仪器、观测方案、路线、点位设置等。这也是贯通测量施测工作的依据。

实训项目 5-3　立井贯通测量

一、目的要求

立井贯通工程是重要的矿井建设工程,是一项十分重要的矿井建设项目。该项目实训要求每组学生按照井下巷道贯通的规模和精度要求进行测量方案的误差预计。目的是使学生掌握贯通测量误差预计的理论和方法,为将来能够独立进行立井贯通测量方案的制订奠定良好的基础。

二、实习地点

校内测量专业实训室。

三、仪器设备

钢尺×1、经纬仪×1、小钢尺×1、垂球×3、水准仪×1、全站仪×1、卫星定位接收机及其配套解算软件×1。

四、基本作业步骤

(1)收集资料,确定测量方案;
(2)确定测量作业实施方案;
(3)预计误差,调整方案;
(4)计算标定要素,现场标定;
(5)提交资料,编写技术文件。

五、需提交的成果

需提交立井贯通测量方案设计书、作业计划、标定要素计算表、误差预计结果、标定记录等成果。

思考题与习题

1. 一井内贯通测量的工作内容有哪些?
2. 两井间贯通测量的工作内容有哪些?
3. 贯通误差预计的目的是什么?
4. 简述贯通测量的方法和步骤。
5. 贯通测量技术总结包括哪些内容?

学习情境六 绘制矿图

一、实训项目描述

矿图绘制实训项目的内容包括:正确使用矿山测量图例、依据井下实测资料填绘矿图、掌握计算机绘制矿图等。实训目的是使学生掌握基本矿图的填绘、各种矿图的成图方法、矿山测量图例的正确使用,具备矿图绘制相关的基本专业技能。

1. 学习目标

(1)能熟练使用绘图工具和软件。

(2)能正确绘制矿图。

(3)能正确识读和应用矿图。

(4)能进行煤矿测量资料的保存和管理。

2. 主要内容

(1)分析项目作业条件、要求。

(2)了解规程要求。

(3)讨论制图方案。

(4)分解项目工作任务,选取仪器工具。

(5)根据实测资料绘制矿图。

(6)提交成果及评价。

3. 考核方式

以木城涧煤矿生产矿井矿图绘制实际工程项目为实训内容的载体,以实训作业小组为单位进行成绩评定,主要考核学生对矿图填绘实测数据的正确应用能力、矿山测量图例的理解和应用能力、各种矿图成图方法的掌握程度、团结协作能力、数据分析处理能力等。

4. 成绩评定标准

(1)观测成果的质量 30 分。

(2)作业的熟练程度 40 分。

(3)作业中的表现 30 分。

根据每位同学在各个作业位置的表现,由实训指导教师给出实训成绩。

二、教学项目设计

1. 项目分析

木城涧煤矿现有掘进工作面 15 个,其中,岩石掘进工作面 9 个,煤巷掘进工作面 6 个。掘进方式包括钻眼爆破和综合机械化掘进。支护形式包括单体液压支柱、掩护式支架、柔掩支护、锚杆支护、木支护。采煤工作面有 6 个,其中,2 个采用综合机械化采煤法,1 个采用高档普采采煤法,1 个采用壁式炮采,1 个采用水平分层悬移支架放顶煤采煤法,1 个采用斜坡后退陷落采煤法。生产水平包括+450 水平、+330 水平、+250 水平。八大矿图的绘制是日常性的测量工作,目前该矿既有手工绘制的矿图也有数字化矿图。

2. 任务分解

本项目分解为如下工作任务:矿图填绘和矿图复制。

3. 各环节功能

1)矿图填绘

功能:检查外业数据,保证外业数据的正确性、完整性,熟悉应填绘的矿图,了解应填绘的内容,了解矿山测量图图例,正确使用相关矿图符号,正确填绘矿图,了解矿山测量八大矿图及其他矿图的绘制要求、填绘方法及其作用和用途。

工作过程:图书馆查阅矿山测量图图例,并根据矿图填绘工作的需要熟悉矿山测量图图例中常用的各种符号和注记要求;按照生产单位实际要求填绘相应矿图,并检查填绘正确性和填绘质量(包括手绘铅笔图和在计算机上填绘数字化矿山测量图)。

2)矿图复制

功能:掌握生产矿井八大矿图的编绘和复制方法。

工作过程:熟悉矿图编制的基本要求,进行简单矿图的编绘;学习并掌握晒图机的基本操作与应用,进行矿图的晒蓝复制。

4. 作业方案

以导线测量外业的碎部测量记录表和导线测量内业计算成果、回采工作面测量外业测量成果表等测量数据为基础,分别进行采掘工程平面图等矿山测量图的填绘。

5. 教学组织

围绕木城涧煤矿巷道与工作面测量项目进行教学组织,针对完成项目及各个环节所需的专业能力、方法能力、社会能力进行讲解、示范、训练。每6名学生分为一组,在查阅资料、制订作业方案、确定作业方法与工作流程、实施作业等环节都以小组为单位进行工作。

6. 检查

所选择项目具有代表性,针对完成项目进行训练,能够使学生具备完成各种矿山测量图的绘制、应用和管理能力。

实训项目 6-1　采掘工程平面图(主要巷道平面图)的绘制

一、目的与要求

要求每组学生按照井下巷道掘进的实际情况选用适当的绘图方法,及时填绘采掘工程平面图。目的是使学生了解采掘工程平面图的填绘过程及特点,掌握采掘工程平面图的填绘方法。

二、实习地点

测量专业实训基地。

三、仪器设备

计算机及相应的绘图软件×1,矿图图例×1,原始采掘工程平面图×1,手工绘图工具×1。

四、采掘工程平面图的填绘

(1)矿图填绘用的计算机应专机专用,遵守相应保密制度,切实保证相关资料的保密,注意日常的养护。

(2)按照井下测量的相关填图数据,及时填绘采掘工程平面图。

(3)完成采掘工程平面图的填绘后,应按照规定进行填绘正确性的检查,确保填绘质量。

(4)在有条件的情况下,可进行该矿图的手工填绘训练。

实训项目 6-2　矿图的复制

一、目的与要求

要求每组学生至少掌握一种矿图复制的方法。

二、实习地点

校内测量专业实训基地。

三、仪器设备

计算机×1，打印机×1，晒图机×1。

四、晒图机的使用

1. 晒图前的准备
(1)接通电源，打开电源开关。
(2)将运转开关置于"顺"位置，冷光灯亮起，机器开始运作。
(3)根据需要调整合适的速度。

2. 操作方法
(1)选择相应的晒图纸，将所晒底图放置在晒图纸的黄色一面。
(2)左右手捏紧两边，对齐后平行从下底层入口处均匀推进。
(3)等待图纸从二层排出后将底图取出，把晒图纸平行从三层口推进。
(4)晒图纸从上层口排出后，就是复制的蓝图。
(5)关闭晒图机，并把速度调整为"0"，再关闭电源。

思考题与习题

1. 生产矿井测量图主要分为哪几种？
2. 井田区域地形图主要包括哪些内容？
3. 煤矿地质图主要包括哪些内容？
4. 采掘工程平面图主要包括哪些内容？
5. 哪些矿图属于采掘工程图？
6. 简述采掘工程平面图的填绘方法和基本要求。

学习情境七　生产矿井测量技术设计

一、实训项目描述

生产矿井测量技术设计实训项目的内容包括：制订生产限差、生产矿井测量技术设计等，实训目的是使学生掌握生产矿井的生产限差制订的方法和依据，掌握生产矿井测量技术设计的专业技能。

1. 学习目标

(1)熟悉井下作业环境。

(2)熟悉井下测量的工作内容。

(3)熟悉测量规程中的相关技术要求。

(4)能够进行生产矿井测量的技术设计。

(5)能够较全面地调查生产矿井各项采矿工程对测量工作的基本要求。

(6)具有较好的沟通协调能力。

(7)具备矿山环境下的安全意识和协作精神。

2. 主要内容

(1)分析项目作业条件、要求。

(2)了解规程要求。

(3)讨论作业方案。

(4)分解项目工作任务。

(5)调研矿山现有的测绘技术力量现状，调研该矿现有的测绘设备水平。

(6)进行矿井的测量技术设计。

(7)提交成果及评价。

3. 考核方式

以木城涧煤矿生产矿井测量技术设计实际工程项目为实训内容的载体，以实训作业小组为单位进行成绩评定，主要考核学生对作业内容的理解能力、收集矿井技术资料的能力、分析应用生产矿井技术资料的能力、制订生产矿井测量方案的能力、编制相应技术文本的能力等。

4. 成绩评定标准

(1)观测成果的质量30分。

(2)作业的熟练程度40分。

(3)作业中的表现30分。

根据每位同学在各个作业位置的表现，由实训指导教师给出实训成绩。

二、教学项目设计

1. 项目分析

木城涧煤矿现有掘进工作面15个，其中，岩石掘进工作面9个，煤巷掘进工作面6个。掘进方式包括钻眼爆破和综合机械化掘进。支护形式包括单体液压支柱、掩护式支架、柔掩支护、锚杆支护、木支护。在巷道掘进过程中为加快施工进度和改善劳动条件,经常采用贯通的形式。由于本矿包括三个主要坑口,为满足生产需要,也涉及两井间巷道贯通。

2．任务分解

本项目分解为如下工作任务:矿井的生产限差制订,矿井测量技术设计。

3．各环节功能

1)矿井的生产限差

功能:分析矿井一般性采矿工程及其限差要求。

工作过程:收集资料,分析矿井一般采矿工程的内容,并根据实际情况确定该矿的生产限差。

2)生产矿井测量技术设计

功能:根据矿山的生产限差、矿井规模、矿井生产的机械化水平和现有矿井测量的技术条件,进行矿井的测量技术设计。

工作过程:收集资料,全面了解矿山的生产采掘情况、矿山测量工作的技术条件等,根据规程要求结合实际情况,进行矿井的测量技术设计,确定矿井定向测量、导入标高、井下基本平面控制、井下一级高程控制、采区控制的主要技术指标,编写设计与总结报告。

4．作业方案

分组开展调研和矿山资料的查阅工作,独立进行矿井的测量技术设计。

5．教学组织

围绕木城涧煤矿巷道测量项目进行教学组织,针对完成项目及各个环节所需的专业能力、方法能力、社会能力进行讲解、示范、训练。每6名学生分为一组,在查阅资料、制订作业方案、确定作业方法与工作流程、实施作业等环节都以小组为单位进行工作。

6．检查

所选择项目具有代表性,针对完成项目进行训练,能够使学生具备完成煤矿测量技术设计工作的能力。

实训项目 7-1　制订矿井的生产限差

一、目的要求

要求学生根据任务需要，以小组为单位，收集某生产矿井生产技术资料，并根据收集到的技术资料和矿井的生产技术水平等内容，制订该矿井的生产限差。目的是锻炼学生收集技术资料的能力、分析应用收集到的矿井技术资料的能力，以及进行生产矿井生产限差的制订的能力。

二、实训地点

校内测量专业实训基地。

三、仪器设备

计算机、矿山矿图及矿井的其他技术资料。

四、工作任务书

工作任务书的内容如表 7-1 所示。

表 7-1　工作任务书的内容

任务要求	根据矿山的实际情况，确定矿井的生产限差，并进行矿井测量技术设计
技术要求	(1)矿井生产的实际需求；(2)测量规程
基本工作步骤	(1)收集资料，确定生产限差；(2)确定测量方法；(3)预计误差，生产矿井测量对比与方案调整；(4)编写技术文件，提交资料
仪器与工具	文具、计算机、矿井区域地形图、采掘工程平面图
需提交的成果	设计报告文件及用到的生产矿井技术资料清单

实训项目 7-2　生产矿井测量技术设计

一、目的要求

要求学生根据任务需要,以小组为单位,收集某生产矿井生产技术资料,包括但不限于:井田区域范围、井田开拓方式、井田开采水平深度、矿井生产的机械化水平、井下运输方式、通风系统、矿井现有的测绘仪器设备现状以及矿井的生产限差。目的是锻炼学生收集技术资料的能力、分析应用收集到的矿井技术资料的能力,以及进行生产矿井测量技术设计的能力。

二、实训地点

校内测量专业实训基地。

三、仪器设备

计算机、文具、矿山的相关生产技术资料。

四、工作任务书

工作任务书的内容如表 7-2 所示。

表 7-2　工作任务书的内容

任务要求	根据矿山的实际情况,确定矿井的生产限差,并进行矿井测量技术设计
技术要求	(1)矿井生产的实际需求;(2)测量规程
基本工作步骤	(1)收集资料,确定生产限差;(2)井下基本控制的等级、采区控制的等级;(3)拟定生产矿井的测量设计方案并进行预计误差,对生产矿井测量设计方案进行对比与方案调整;(4)编写技术文件,提交资料
仪器与工具	文具、计算机、矿井区域地形图、采掘工程平面图
需提交的成果	设计报告文件及用到的生产矿井技术资料清单

思考题与习题

1. 生产矿井测量技术设计的意义和方法是什么?

2. 制订生产限差的主要依据是什么?

3. 哪些矿井测量工作是矿井的主要测量工作?在进行矿井测量技术设计时应考虑哪些方面的问题?

4. 某矿井井田一翼长度为 5 km,在井下基本控制导线中每隔 2 km 左右加测一条陀螺边(用 5″级别的全自动陀螺全站仪施测),要求导线最远点的容许中误差为 ±0.5 m,试设计该矿井井下基本控制导线的测角方案。

学习情境八 矿井建设测量

一、实训项目描述

矿井建设测量实训项目的内容包括:井筒中心与井筒十字中线标定、井筒掘进和井筒砌壁时的测量工作、罐梁罐道安装时的测量工作、井架安装时的测量工作、天轮安装时的测量工作、提升机安装时的测量工作和马头门掘进时的测量工作等。实训的目的是使学生掌握矿井建设各阶段(包括井筒施工、井筒设备安装、井架及天轮安装、提升机安装以及马头门施工等)的测量工作内容、工作过程及方法,具备矿井建设测量的各项基本专业技能。

1. 学习目标

(1)熟悉矿井建设作业环境。

(2)熟悉矿井建设测量的工作内容。

(3)熟悉测量规程中的相关技术要求。

(4)能够进行矿井建设时期的测量工作。

(5)具有较好的沟通协调能力。

(6)具备矿山环境下的安全意识和协作精神。

2. 主要内容

(1)分析项目作业条件、要求。

(2)了解规程要求。

(3)讨论作业方案。

(4)分解项目工作任务,调研矿井建设时期的测量工作任务。

(5)调研该矿现有的测绘技术力量现状。

(6)拟定矿井建设测量方案。

(7)提交成果及评价。

3. 考核方式

以木城涧煤矿矿井建设工程项目为实训内容的载体,以实训作业小组为单位进行成绩评定,主要考核学生对作业方案的理解能力、矿井建设测量作业组织能力、协调能力、观测技能水平、团结协作能力、数据处理能力、安全生产意识等。

4. 成绩评定标准

(1)观测成果的质量30分。

(2)作业的熟练程度40分。

(3)作业中的表现30分。

根据每位同学在各个作业位置的表现,由实训指导教师给出实训成绩。

二、教学项目设计

1．项目分析

木城涧煤矿现有掘进工作面 15 个，其中，岩石掘进工作面 9 个，煤巷掘进工作面 6 个。掘进方式包括钻眼爆破和综合机械化掘进。支护形式包括单体液压支柱、掩护式支架、柔掩支护、锚杆支护、木支护。为了改善该矿井的通风和提升水平，该矿拟建设某通风立井，该立井施工采用传统方法，其测量工作结合该矿现有测绘技术条件展开。

2．任务分解

通风立井工程项目的测量工作，分解为如下工作任务：井筒中心与井筒十字中线标定工作、井筒掘进和井筒砌壁时的测量工作、罐梁罐道安装时的测量工作、井架安装时的测量工作、天轮安装时的测量工作、提升机安装时的测量工作和马头门掘进时的测量工作。

3．各环节功能

1）井筒中心与井筒十字中线标定工作

功能：标定井筒中心和井筒十字中线是矿井建设测量的一项基础性测量工作，井筒中心和井筒十字中线是矿井建设测量的主要依据，所有建井测量工作都是以井筒十字中线为依据展开的。

工作过程：熟悉矿井设计图，根据矿井设计资料及近井点标定井筒中心和井筒十字中线。

2）井筒掘进和井筒砌壁时的测量工作

功能：竖井建设过程中井筒掘进和井筒砌壁时的测量工作，包括临时和永久井口的标定、井筒中心的标设和固定、井筒中心铅垂线的延设和下移等。这些工作是建井工程质量的重要技术保障。

工作过程：了解井筒掘进的施工方法，制订合理的测量方案，实施测量工作，包括临时锁口的标定、永久锁口的标定、井筒中心线的固定。

3）罐梁罐道安装时的测量工作

功能：立井建设过程中井筒内罐梁安装、罐道安装的测量工作，包括井筒的纵剖面测量、安装罐梁时的测量、安装罐道时的测量以及相应的检查测量等。这些工作是建井工程质量、井筒提升设备安装质量的重要技术保障。

工作过程：收集井筒剖面图，确定井筒纵断面测量的方法和要求，确定相应的测量方案并组织实施；收集罐梁罐道的相关设计资料，根据井筒布置图自上而下安装罐梁，然后自下而上安装罐道，安装过程中测量人员应根据施工进度及时进行施工安装测量，为安装工作提供测量的技术支持，并在安装工作结束后进行检查测量。

4）井架安装时的测量工作

功能：井架安装时的测量工作，包括井架斜撑基础的标定与检查、板梁的安装测量和井架组装和竖立时的位置和垂直度找正。这些工作是井架安装工程质量、井筒提升设备安全运行的重要保障。

工作过程：收集井架设计安装的技术资料，确定井架安装测量的内容、方法和实施方案；根据施工工序和施工进度，及时进行井架斜撑基础的标定测量及浇筑结束后的检查测量；板梁安装时应根据施工要求在井口建立一个水准点，并将井筒十字中线点转设到预埋在井壁的扒钉上，作为板梁安装的依据；最后进行井架组装和竖立时的找正工作，为保证井架安装精度提供测量技术支持。

　　5）天轮安装时的测量工作

　　功能：天轮安装时的测量工作，包括天轮轴水平程度测量、检查天轮中线的实际位置和设计位置之间的偏差、测量天轮面与过提升中线的竖直面之间的水平夹角，以及天轮平面是否垂直的检查测量，这些工作是天轮安装工程质量的重要保障。

　　工作过程：收集天轮的设计技术资料，收集天轮安装的工序及施工方案等技术资料，确定天轮安装测量的内容、方法和实施方案；根据施工工序和施工进度，及时进行天轮安装时的天轮轴水平程度测量、天轮空间姿态检查测量、空间位置检查测量，及时将检查结果提供给施工方，作为天轮安装作业过程中调校天轮位置和姿态的重要依据，保证天轮安装结束后，天轮的空间位置与姿态满足天轮安全运行的需要。

　　6）提升机安装时的测量工作

　　功能：提升机安装时的测量工作，包括绞车基础检查测量、基座安装测量、主轴承安装测量、主轴安装测量等，这些工作是确保提升机安装工程精度符合规定、提升设备安全运行的重要措施。

　　工作过程：收集提升机设计安装的技术资料，确定提升机安装测量的内容、方法和实施方案；根据施工工序和施工进度，及时进行各施工工序中的标设和检查测量工作，并为施工方进行安装调试提供必要的技术数据依据。

　　7）马头门掘进时的测量工作

　　功能：马头门掘进时的测量工作，包括马头门掘进中线的标定、两侧导硐中线的标设、马头门掘进腰线的标定以及马头门拱基线的标定。这些工作是马头门施工质量、施工安全的重要技术保障。

　　工作过程：收集马头门设计的技术资料，检查设计数据的正确性，收集施工工艺的相关技术资料，拟订马头门施工的测量方案，内容包括马头门掘进中线、两侧导硐中线、马头门掘进腰线以及拱基线的标设方案，为保证马头门施工的正确性和施工过程的安全性提供可靠的测量技术支撑。

　　4. 作业方案

　　分组开展调研和矿山建井资料的查阅工作，各组独立实施相关测量工作。

　　5. 教学组织

　　围绕木城涧煤矿通风立井建设工程项目中的测量工作进行教学组织，针对完成项目及各个环节所需的测量专业能力、方法能力、协调能力进行讲解、示范、训练。每6名学生分为一组，在查阅资料、制订作业方案、确定作业方法与工作流程、实施作业等环节都以小组为单位进行工作。

　　6. 检查

　　所选择项目具有代表性，针对完成项目进行训练，能够使学生具备完成立井建设时的各项测量工作的能力。

实训项目 8-1　井筒中心与井筒十字中线的标定

一、目的与要求

要求学生在教师指导下分组完成井筒中心与井筒十字中线的标定,并进行复核检查工作。目的是使学生掌握井筒中心与井筒十字中线标定的方法、步骤和基本要求。

二、实训地点

校内测量专业实训场。

三、仪器设备

全站仪×1,棱镜组×2,记录手簿×1,设点标志×2,手锤×2,小钢尺×1。

四、操作方法、步骤及要求

新通风立井井筒设计如图 8-1 所示,设计井筒中心坐标为(3 119 620.500,−72 500.000),井筒主要中线的坐标方位角为 $\alpha = 140°30'00''$,井筒砌壁前的毛断面直径为 7.0 m,完成砌壁后的井筒断面直径为 6.0 m,井口的地面标高为 125.400 m。根据矿山建设工程需要,在矿区已经建立了矿区控制网,可用作本测设项目的控制点已知数据,见表 8-1。

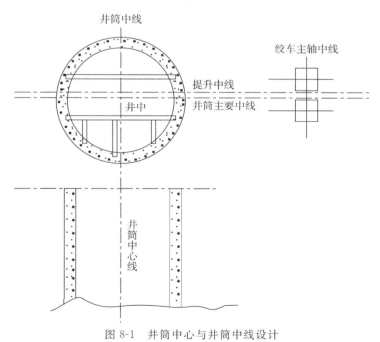

图 8-1　井筒中心与井筒中线设计

表 8-1　控制点数据

序号	点名	平面坐标		高程/m	控制点等级
		X/m	Y/m		
1	××岭	3 119 593.668	−72 512.362	126.565 3	三
2	××村	3 121 367.067	−72 908.786	140.675 0	四
3	××宾馆	3 118 824.552	−71 537.408	160.555 0	四

根据井筒中线(图 8-1)和工程建设需要,计划按图 8-2 进行该矿井井筒十字中线的测设。

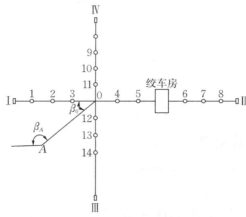

图 8-2　井筒十字中线布置

井筒十字中线的测设步骤如下:

(1)收集测设井筒十字中线所需的技术资料,包括以下内容:①可能用到的控制网资料;②技术说明书中给出的井筒中心和井筒十字中线方位角(图 8-1);③矿井总平面图、施工总平面布置图和场地平整设计平面图;④井筒断面图,见图 8-1。

(2)建立近井点(本项目直接采用××岭控制点)。

(3)计算和整理测设数据。

(4)按照井筒十字中线基点布置图测设井筒十字中线上的各个基点。

五、复核测量

测设结束后,应按照十字中线相互垂直程度的误差不超过 30″的要求进行复核。

实训项目 8-2　井筒掘进和井筒砌壁时的测量工作

一、目的与要求

要求学生在教师指导下分组学习井筒掘进和井筒砌壁时的测量工作,并进行复核检查工作。目的是使学生掌握井筒施工测量的方法、步骤和基本要求。

二、实训地点

校内测量专业实训场。

三、仪器设备

全站仪×1,棱镜组×2,记录手簿×1,设点标志×2,手锤×2,小钢尺×1,长钢丝×1,水准仪×1。

四、操作方法、步骤及要求

新通风立井井筒设计如图 8-1 所示,设计井筒中心坐标为(3 119 620.500,−72 500.000),井筒主要中线的坐标方位角为 $\alpha = 140°30'00''$,井筒砌壁前的毛断面直径为 7.0 m,完成砌壁后的井筒断面直径为 6.0 m;井口的地面标高为 125.400 m。根据矿山建设工程需要,目前已经完成了井筒中心和井筒十字中线的标定工作(图 8-2)。

为了保证井筒施工安全,根据工程需要,按设计进行竖井井筒锁口的标定(图 8-3)和井筒中心垂球线的固定(图 8-4)。

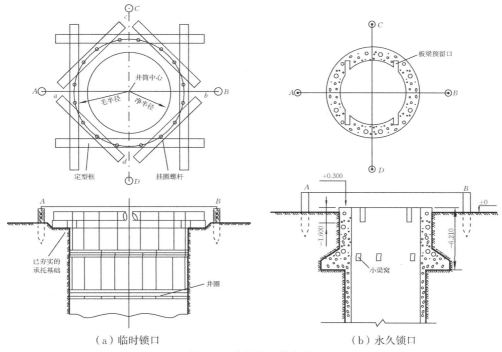

图 8-3　井筒锁口的标定

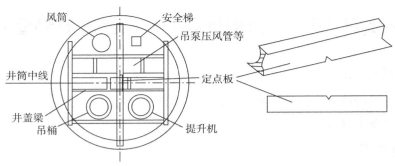

图 8-4 由井筒中心下放井筒中心垂球线

1. 竖井井筒锁口的标定

竖井锁口测设步骤如下:

(1)如图 8-3(a)所示,临时锁口一般采取八角形,其尺寸应与设计的毛断面一致,临时锁口的中心应与井筒中心重合。标设时,用经纬仪给出井筒十字中线,以井筒十字中线为依据进行临时锁口的安设。临时锁口的高程和水平面内的误差均应不超过 20 mm。

(2)标定永久锁口时,首先在实地标设出井筒十字中线,如图 8-3(b)所示,其方法是在 A、B、C、D 四个点处打入木桩,顶端高程应大致相同,并使其高于永久井盖设计高程 0.3 m 左右;然后在木桩顶端以小钉标记,标出井筒十字中线的方向,测定出小钉顶面的高程。

(3)在浇筑混凝土时,测量人员应在井壁上沿井筒中线方向插入两对扒钉,待混凝土凝固后,将经纬仪安置在井筒附近的十字中线基点上,照准该中线较远处的另一基点,然后把视线投测到扒钉上,用正倒镜投测,取其平均位置,在扒钉上标出井筒十字中线的位置,用钢锯锯出三角形缺口作为标志。一对扒钉的连线方向就是井筒中线方向(图 8-5),以此作为井筒内确定方向的依据。

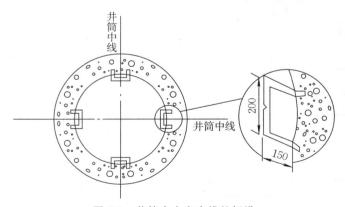

图 8-5 井筒内十字中线的标设

2. 井筒中心垂球线的固定

当采用双钩提升时,井盖梁和提升孔的位置均不在井筒中心处,如图 8-4 所示,可在两根工字梁之间,相对于井筒中心的预定位置,固定一段钢轨或铁板。将经纬仪分别安置在两条井筒中心线上,在钢轨或铁板上标出井筒中心的位置,用钢锯锯出三角形缺口。然后在其附近设置钢丝小绞车,就可以通过缺口向井下下放井筒中心垂球线。也可以用经纬仪将井筒中心点标设在井盖上,在井盖上钻孔并安设预制的定点板,如图 8-6 所示,并使定点板的中心位于井筒中心点上,然后通过该定点板下放钢丝作为井筒中心垂球线。

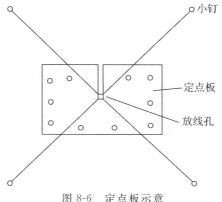

图 8-6　定点板示意

3. 井筒砌壁时的检查测量

井筒掘进一段距离后,就要进行由下而上的砌筑永久井壁工作。当浇筑混凝土井壁时,应根据井筒中心线检查模板安置的正确性。托盘必须抄平,如图 8-7 所示,其误差不得大于20 mm。为此,可在托盘上方的井壁上,用半圆仪或联通水准器标出 8～12 个等高点,由等高点向下量尺,检查找平托盘的位置。模板外缘距井筒中心垂球线的距离不得小于设计规定,也不得大于设计规定 10 mm 以上。同一圈模板应保持水平,其高低误差不超过 20 mm。

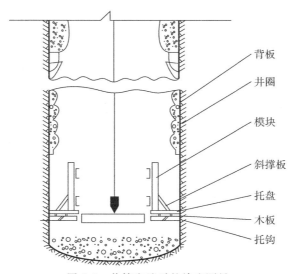

图 8-7　井筒砌壁时的检查测量

砌筑井壁壁座时,应根据壁座的设计高程,由井口下放钢尺,确定出壁座在井筒中的高程位置。在砌壁过程中,一般在永久井壁上每隔 30～50 m 设置一高程点,并把编号和高程写在井壁上,供检查壁座高程时使用。

实训项目 8-3　罐梁罐道安装时的测量工作

一、目的与要求

要求学生在教师指导下分组完成井筒内罐梁罐道安装的相应测量工作,并进行复核检查工作。目的是使学生掌握井筒罐梁罐道安装测量的方法、步骤和基本要求。

二、实训地点

校内测量专业实训场。

三、仪器设备

水准仪×1,水准尺×2,记录手簿×1,设点标志×2,丁字尺×2,钢丝若干。

四、操作方法、步骤及要求

在井筒中,罐笼是沿着罐道运行的,罐道是安装在罐梁上的,罐梁是安装在井壁上的。安装后还应进行罐道的竖直度检查测量。

测设步骤包括井筒的纵剖面测量、安装罐梁时的测量和安装罐道时的测量。

1. 井筒的纵剖面测量

井筒纵剖面测量的方法如图 8-8 所示。

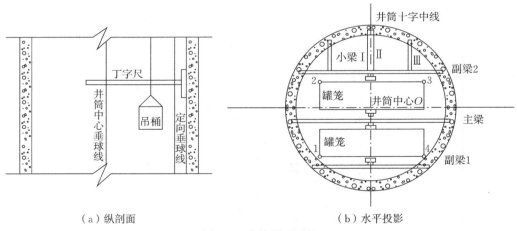

（a）纵剖面　　　　　　　　　　　（b）水平投影

图 8-8　井筒断面测量

井筒纵剖面测量的目的是查明提升罐笼的突出点到井壁的距离是否符合大于 200 mm 的规定。

2. 安装罐梁时的测量

该项测量工作包括:测设安装罐梁用的垂球线,安装第一层罐梁,移设垂球线,安装其他层罐梁。

(1)测设垂球线。安装罐梁用的垂球线数目应为 2～4 根,并悬挂在距离罐梁 50～100 mm 处。如图 8-9 所示,有 4 根垂球线,其中编号 1、2 的两根为安装主梁用,编号 3、4 的两根为安装副梁用,小梁则可以利用预装组件时标注的连接点 m、n 安装。在各种情况下,垂球线的具体数目和位置,都应与安装部门协商确定。

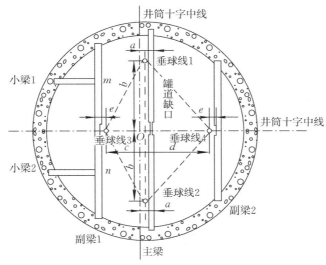

图 8-9　罐梁安装垂球线

(2)安装第一盘罐梁。安装第一盘罐梁应尽量精确,因为它是安装以下各层罐梁的基准,所以第一盘罐梁又称为基准梁。第一盘罐梁的平面位置是利用井盖上悬挂的垂球线安装的,如图 8-9 所示,其高程是利用水准仪直接测定的,如图 8-10 所示。

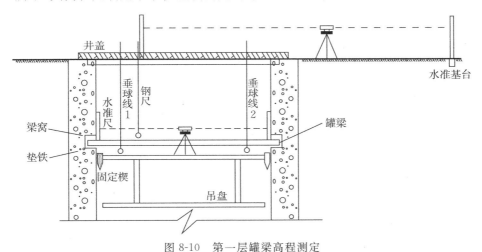

图 8-10　第一层罐梁高程测定

(3)向第一盘罐梁移设垂线点。安装好第一盘罐梁后,应将垂线点移设到该盘罐梁上,以避免井盖移动引起点位变化。一般是用活动的金属卡线板固定在罐梁上,如图 8-11 所示。将垂线点移设后应检查彼此间距,其误差须在 1 mm 内。

(4)以下各层罐梁的安装。第一层以下各层罐梁的安装,是依据由第一层罐梁投下的垂球线找正的,但是抄平不再使用水准仪而是使用水平尺或者连通器。并用层距尺(图 8-12)控制各层罐梁之间的垂直距离。这些工作都是由安装人员自行完成的,测量人员无须参与。但是用层距尺安装 8~10 层后,钢尺检查的结果与设计值的较差,可在罐道接头处的罐梁上进行调整。

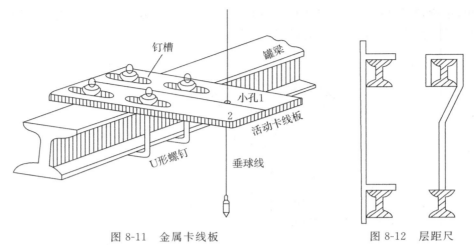

图 8-11　金属卡线板　　　　　　　图 8-12　层距尺

罐梁安装应符合下列要求：

(1)对于罐梁缺口板(固定罐道的螺丝孔)位置与井筒十字中线的距离,实际值和设计值的允许差值不超过 3 mm。

(2)各层罐梁上同一条管道的缺口板缺口的重合度允许差值不大于 4 mm。

(3)对于同一提升容器两侧的罐梁缺口板水平间距,其实际值与设计值的允许差值不大于 2 mm 且不小于 1 mm。

(4)罐梁的层间距离及累计间距的实际值与设计值的允许差值最大为:层间距离为 7 mm,累计三层间距为 15 mm。

3. 安装罐道时的测量

安装罐道无须测量人员参加,但是整个罐道安装好后,需要进行罐道竖直度的检查测量。这种测量一般是乘坐永久罐笼进行的,其方法是:靠近每根罐道挂一根垂球线,并且在井口测定这些垂球线与井筒十字中线的距离,然后在每一盘罐梁上丈量图 8-13 中的 a、b、c 等距离,以及同一提升容器的两罐道之间的距离。根据检查丈量的结果,绘制每根罐道正面和侧面的纵剖面图,其比例尺与井筒总剖面图相同,图中还应绘出罐道的设计位置。

罐道安装应符合如下要求：

(1)罐道应保持竖直,不得有弯曲扭转现象。其竖直程度的误差为,在沿井筒全深任意平面上,其与设计位置的偏差不超过 6 mm。

(2)同一提升容器的两罐道之间的水平距离允许差值为 4 mm。

(3)同一提升容器的两罐道平面中心线的重合度允许误差不大于 4 mm。

(4)罐道接头的位置和设计位置上下错动不大于 50 mm,同一提升容器的两罐道不得在同一盘罐梁上接头。

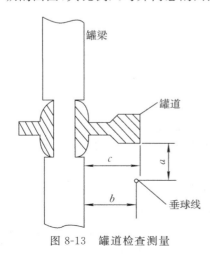

图 8-13　罐道检查测量

实训项目 8-4　井架安装时的测量工作

一、目的与要求

要求学生在教师指导下分组完成井架安装时的测量工作,并进行复核检查工作。目的是使学生掌握井架安装测量的方法、步骤和基本要求。

二、实训地点

校内测量专业实训场。

三、仪器设备

经纬仪×1,钢尺×2,拉力计×1,温度计×2,小钉×2,全站仪×1。

四、操作方法、步骤及要求

井架安装一般采用整体组装和竖立、分段浇筑等方法。整体组装和竖立就是在井口附近地面将井架组装好,然后将它提升起来竖立在基础上。这种方法一般用于金属井架。

双滚筒提升井架是由井架底座(板梁)、井架体、井架后斜腿(斜撑)及斜撑基础组成的。因此,测量人员在井架竖立前要标定板梁和斜撑基础,竖立时要进行找正,竖立好后要进行全面的检查测量。

1. 斜撑基础的标定与检查

斜撑基础的施工放样都是以井筒十字中线为基准进行的,具体测设方法如图 8-14 所示。

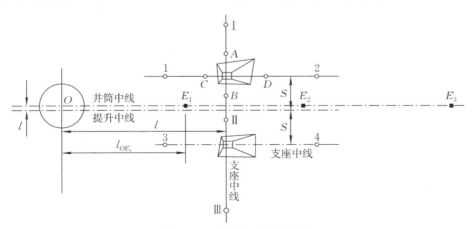

图 8-14　斜撑支座基坑放样

2. 板梁的安装

安装前,测量人员应在井口预组装的板梁面上刻出十字中线点 a、b、c、d,如图 8-15 所示,在井口设置一个水准点。将井筒十字中线点 N、S、E、W 转设到井壁的扒钉上。扒钉应稍高于板梁顶面,各扒钉最好在同一高度上,并测出其高程。根据扒钉所拉钢丝和它的高程,可以检查或标定梁窝的位置。

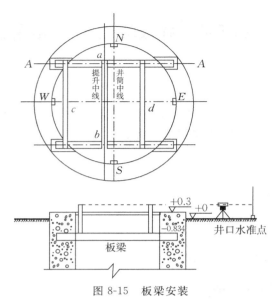

图 8-15　板梁安装

安装时,在扒钉上拉细钢丝并挂垂球线,对板梁进行找正。并用小钢尺测量钢丝到梁面的距离,调整板梁的高度,使其初步安装在设计高度上。然后用精密水准仪精确抄平板梁的四角。板梁安装应满足下列要求:

(1)板梁的实际高程与设计高程之差应不超过 5 mm;

(2)四个角的相对高差不超过 1 mm;

(3)板梁十字中线与提升中线的重合度误差不超过 1 mm。

3. 井架组装和竖立时的找正

井架组装后,应在天轮平台上按设计尺寸刻出四个位于井筒十字中线上的点,作为竖立时找正的位置。

将井架体提升竖立在板梁上。如果板梁不水平或井架组装和竖立时产生了变形,就会引起井架立柱偏斜,这时可在腿柱与板梁之间垫铁板进行调整。这种调整是非常困难的,应尽量避免。当井架竖直程度较好时,则可组装斜撑井架并对井架天轮平台进行找正。找正的方法是:将两台经纬仪安置在井筒十字中线上,检查天轮平台上预先刻出的中线点是否在视线上。如果偏离视线的距离不超过井架高度的 1/2 000(但是最大不得超过 15 mm),则认为是合格的;否则应在斜撑架腿与其基础之间垫铁板,调整至符合要求为止。

五、复核测量

井架组装和竖立完毕后,应采用经纬仪、全站仪等对井架体的竖直程度进行检查测量。

实训项目 8-5　天轮安装时的测量工作

一、目的与要求

要求学生在教师指导下分组学习矿井天轮安装时的测量工作,并进行复核检查工作。目的是使学生掌握天轮安装施工测量的方法、步骤和基本要求。

二、实训地点

校内测量专业实训场。

三、仪器设备

全站仪×1,棱镜组×2,记录手簿×1,设点标志×2,手锤×2,小钢尺×1,长钢丝×1,水准仪×1。

四、操作方法、步骤及要求

投测井筒十字中线一般是用经纬仪进行的。与井架安装时一样,将仪器安置在井筒中心线上。仪器到井架的距离一般不应超过 100 m,瞄准天轮时的仰角以不大于 40°为宜,如图 8-16 所示。

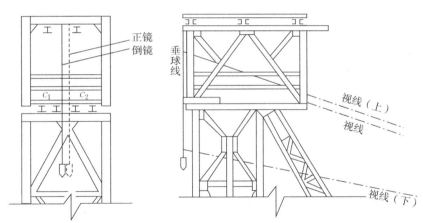

图 8-16　将中线投测到天轮平台上

安装天轮时,施工人员可根据投测的井筒十字中线进行找正,抄平可用水准仪或水平尺进行。

天轮安装完毕后,应进行检查测量。

1. 测量天轮轴的水平程度

一般采用水准仪测定天轮轴的水平程度。当两端高差不大于轴长的 1/5 000 时,认为是合格的,否则应进行调整,直到合格为止。

2. 检查天轮中线的实际位置与设计位置之间的偏差

在天轮平台上,用细钢丝拉出井筒十字中线或者提升中线,用钢尺精确丈量天轮各点的平距。现以某矿天轮安装实例进行说明,如图 8-17 所示,天轮中线的设计位置距离提升中线 1 035 mm,故对于东天轮和西天轮,其偏差 $\Delta_东$ 和 $\Delta_西$ 分别为

$$\Delta_东 = \frac{1\,034 + 1\,034.5}{2} - 1\,035 = -0.75(\text{mm})$$

$$\Delta_西 = \frac{1\,028 + 1\,030}{2} - 1\,035 = -6.0(\text{mm})$$

规定的允许偏差为 ± 3 mm。可以看出,西天轮超限,应调整。

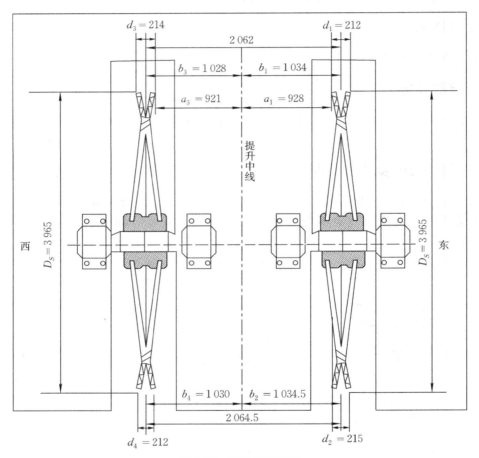

图 8-17 天轮检查测量

注意:图中 $b_i(i = 1,2,3,4)$ 都不是直接测量的,而是先量出天轮外缘到提升中线的距离 a_i 和轮宽 d_i,然后按 $b_i = \dfrac{d_i}{2} + a_i$ 计算出来的,其中 a_i、d_i 均应测量两次取平均值。

3. 测量天轮面与过提升中线的竖直面之间的夹角

由图 8-17 可以看出,当天轮面与过提升中线的竖直面平行时,b_1 应等于 b_2。 不平行时,对于东天轮和西天轮,两面之间的夹角 $\gamma_东$ 和 $\gamma_西$ 分别为

$$\gamma_东 = \frac{b_2 - b_1}{D_s}\rho'' = \frac{1\,034.5 - 1\,034}{3\,965} \times 206\,265'' = 26''$$

$$\gamma_{西} = \frac{b_4 - b_3}{D'_s}\rho'' = \frac{1\,030 - 1\,028}{3\,965} \times 206\,265'' = 104''$$

一般要求 $\gamma < 10'$。上述结果符合要求,不需要调整。

4. 天轮平面竖直程度的检查测量

靠近天轮轴颈固定一垂球线,如图 8-18 所示,量取天轮上下外缘到垂球线的距离 k_1、l_1,并在轮缘上做出标记,转动天轮 180°,过标记重挂垂球线,再量距离 k_2、l_2,并量两标记点之间的天轮直径 D_V,则天轮平面与铅垂面之间的夹角 δ 为

$$\delta = \frac{(k_1 - l_1) + (l_2 - k_2)}{2D_V}\rho''$$

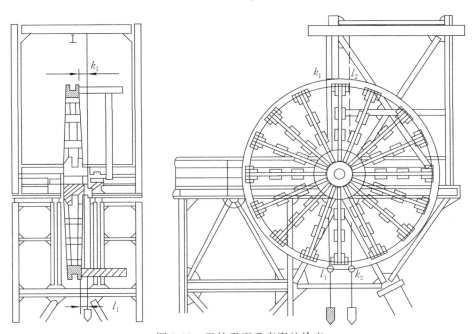

图 8-18　天轮平面垂直度的检查

实训项目 8-6   提升机安装时的测量工作

一、目的与要求

要求学生在教师指导下分组学习矿井提升机安装时的测量工作,并进行复核检查工作。目的是使学生掌握提升机安装施工测量的方法、步骤和基本要求。

二、实训地点

校内测量专业实训场。

三、仪器设备

全站仪×2,棱镜组×4,记录手簿×1,设点标志×2,手锤×2,小钢尺×1,水准尺×2,水准仪×1。

四、操作方法、步骤及要求

1. 检查绞车基础

建设绞车房时,将提升中线和主轴线转设到设置在绞车房墙壁上的扒钉上(共有两层扒钉),其中上层扒钉的位置高于绞车滚筒。安装前必须按照设计规定对绞车基础进行检查。如图 8-19 所示,根据这两条线详细检查绞车基础各细部及地脚螺孔的平面位置。

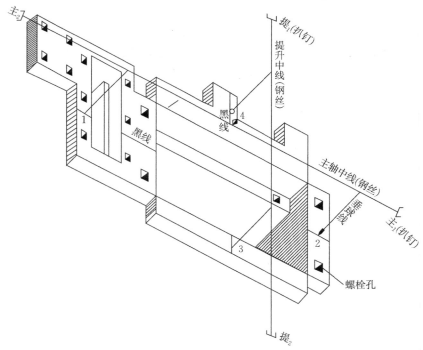

图 8-19   检查绞车基础

高程以绞车房内的水准点为依据,用水准仪逐点进行检查。实际高程与设计高程之差应在-20~20 mm 内。

2.安装机座的测量

基础检查合格后,就可以安装机座。安装机座是从上面已经拉出的两根钢丝上悬挂垂球线,按设计要求进行找正的,用水准仪对机座的四角抄平。要求机座的实际平面位置与设计位置的偏差不大于 10 mm,高程偏差不大于 100 mm。

3.主轴承的安装测量

主轴承安装前,由安装人员在每个轴瓦面的中线上刻出两点,如图 8-20 中的 1、2 和 3、4 点。安装时也是从中线扒钉上所拉出的钢丝上悬挂垂球线,对轴瓦面所刻的中线点和中心垂球线找正;利用水准仪和钢板尺对轴承面的最低点进行抄平,使两轴承等高。平面和高程的位置与设计的位置偏差均不得大于 1 mm。

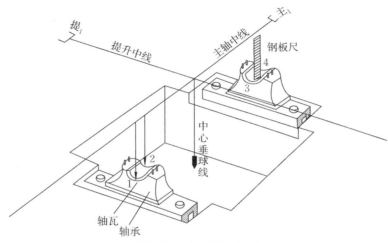

图 8-20　主轴承的安装

4.主轴安装测量

主轴安装测量是确定主轴中线在水平和高程上的位置。主轴安装质量,将直接影响提升工作和提升设备的使用寿命,因此要求很严格。要求主轴两端的高差应小于轴长的 1/10 000,主轴中心线应与设计提升中线垂直,其误差应在 30″内,实际与设计提升中线重合度的允许偏差为 5 mm。

主轴安装时的测量工作主要有以下内容:

(1)主轴水平程度的测量检查。采用工程水准仪和游标卡尺进行。

(2)主轴找正。主轴中线在水平面上的位置,也是根据从中线扒钉之间所拉的细钢丝来安置的。因此,从钢丝上对着主轴端点悬挂一根垂球线,就可以用钢板尺量出两端的中心位置的偏差,超过 1/10 000 轴长时就必须进行调整。

实训项目 8-7 马头门掘进时的测量工作

一、目的与要求

要求学生在教师指导下分组学习马头门掘进时的测量工作,并进行复核检查工作。目的是使学生掌握马头门施工测量的方法、步骤和基本要求。

二、实训地点

校内测量专业实训场。

三、仪器设备

全站仪×2,棱镜组×4,记录手簿×1,设点标志×2,水准仪×1,小钢尺×1,拉力计×1。

四、操作方法、步骤及要求

矿井井筒掘进完成后,就要按照矿井设计图向两侧掘进水平巷道,建立井底车场,建立井下的运输、通风、供电、排水等系统。马头门就是竖井井筒与井底车场连接部分的巷道,这段巷道的特点是断面大,并且断面是变化的,如图 8-21 所示。

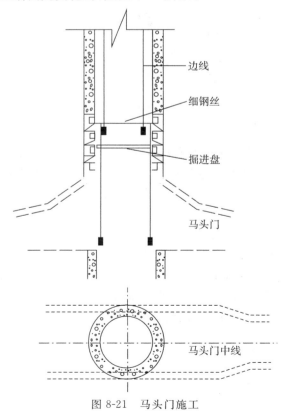

图 8-21 马头门施工

当井筒掘进至接近马头门时,测量人员就需要及时了解马头门的施工图纸,掌握其施工方法和对测量工作的要求。

1. 马头门中线的标定

马头门中线的测设方法如图 8-22 所示。

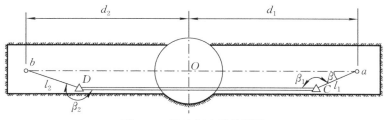

图 8-22　马头门中线的测设

2. 两侧导硐中线的标定

两侧导硐中线的标定方法如图 8-23 所示。

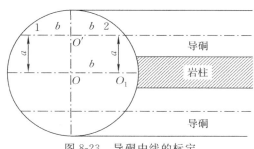

图 8-23　导硐中线的标定

3. 掘进腰线的标定

在砌筑马头门上方的井壁时,在壁圈(或壁座)上安设临时水准点标志,用长钢尺测出其高程,作为马头门掘砌的高程控制点,如图 8-24 所示。

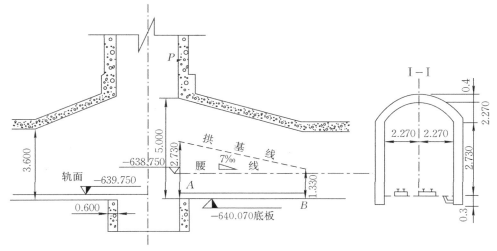

图 8-24　测设马头门腰线及拱基线

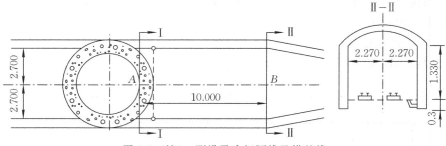

图 8-24（续）　测设马头门腰线及拱基线

掘进马头门时，按马头门轨面设计高程加轨面到地板的间距（底板高程），在巷道两帮上标出腰线。实际工作中往往有人把轨面当作底板来拨门子，这是错误的，值得引起注意。为了施工方便，腰线至轨面的间距一般取 1 m。

4．拱基线的测设

拱基线一般是根据腰线来标设的，因此，需要首先计算出拱基线高出腰线的垂距（它是变化的），然后由腰线点向上量取垂距，标出拱基线点。

思考题与习题

1．矿井建设时期测量人员的主要任务有哪些？

2．如何根据矿井设计的要求在实地测设水平角、水平距离及已知平面坐标和高程的点？

3．井筒十字中线有什么重要作用？如何标定？其精度要求如何？

4．竖井掘进和砌壁时，对工程质量有哪些要求？

5．如何标定临时锁口和永久锁口？

6．如何预留梁窝的位置？

7．矿井罐梁、罐道安装时的测量工作有哪些？如何进行？

8．矿井提升设备安装时的测量工作有哪些？如何进行？

9．矿井井架安装的测量工作有哪些？其测量方法是什么？

10．如何标定井筒十字中线？

参考文献

崔有祯,徐晓峰,2010. 工程图纸绘制与识读[M]. 北京:中国劳动社会保障出版社.

冯耀挺,闫光准,2005. 矿图[M]. 北京:煤炭工业出版社.

姜晶,崔有祯,2018. 工程测量[M]. 北京:测绘出版社.

孙金礼,冯大福,2007. 生产矿井测量[M]. 北京:煤炭工业出版社.

王清,2009. 矿图[M]. 北京:煤炭工业出版社.

张国良,2001. 矿山测量学[M]. 徐州:中国矿业大学出版社.

周立吾,张国良,林家聪,1994. 矿山测量学[M]. 徐州:中国矿业大学出版社.